U0213356

《内蒙古自治区阿拉善盟阿拉善左旗昆虫标本图鉴》
编委会

主　　编	胡晨阳　通格乐格	
副 主 编	达来夫　郝小雯　杨　芹　许小珊　许　静　李　琳　彭　磊	
	姚艳芳　桂　敏　侍月华　黄　静　季　祥　王　霞	
摄　　影	海　丽　李　鹏　段馨淼	
编写人员	胡胜德　赵戌平　周会玉　周永生　胡志勇　刘　静	
	刘占军　李　鹏　李胜德　杨利民　段馨淼　李冰兰	
	张嘉芮　张金宝　刘　强　李曙光　周兴强　荣志娟	
	南　定　海　丽　苏龙嘎　曾强文	

内蒙古自治区阿拉善盟阿拉善左旗

昆虫标本图鉴

阿拉善左旗林业和草原病虫害防治检疫站 编

黄河出版传媒集团
阳光出版社

图书在版编目（CIP）数据

内蒙古自治区阿拉善盟阿拉善左旗昆虫标本图鉴 /
阿拉善左旗林业和草原病虫害防治检疫站编. -- 银川：
阳光出版社, 2023.10
　ISBN 978-7-5525-7008-3

　Ⅰ.①内… Ⅱ.①阿… Ⅲ.①昆虫 - 标本 - 阿拉善左
旗 - 图集 Ⅳ.①Q968.222.64-64

中国国家版本馆CIP数据核字(2023)第173177号

内蒙古自治区阿拉善盟阿拉善左旗昆虫标本图鉴

阿拉善左旗林业和草原病虫害防治检疫站　编

责任编辑　金小燕　林　薇
封面设计　关明亮
责任印制　岳建宁

黄河出版传媒集团
阳　光　出　版　社　出版发行

出　版　人　薛文斌
地　　　址　宁夏银川市北京东路139号出版大厦　（750001）
网　　　址　http：//www.ygchbs.com
网上书店　http：//shop129132959.taobao.com
电子信箱　yangguangchubanshe@163.com
邮购电话　0951-5047283
经　　　销　全国新华书店
印刷装订　银川市天彩印刷厂
印刷委托书号　（宁）0027164

开　　本　710 mm×1000 mm　1/16
印　　张　13.25
字　　数　270千字
版　　次　2023年10月第1版
印　　次　2023年10月第1次印刷
书　　号　ISBN 978-7-5525-7008-3
定　　价　128.00元

前　言

　　阿拉善左旗森林病虫害防治检疫站成立于1984年，后因机构改革，整合组建为阿拉善左旗林业和草原病虫害防治检疫站（以下简称"阿左旗林草防检站）"，并挂国家级林业有害生物中心测报点的牌子，设4个内设机构（综合室、检疫室、测报室、防治室），主要承担阿拉善左旗林业和草原病、虫、鼠及其他有害生物监测、预测预报、普查、检疫、防治等工作及防控体系建设和国家级林业有害生物中心测报点任务。目前，阿左旗林草防检站已发展为技术力量较强、基础设施较为完善的林草有害生物防治机构，而且是阿拉善左旗唯一林草有害生物防治的专职机构，有正高级工程师3人，副高级工程师6人。

　　自1984年建站以来，从最初简陋的一间标本保存土房到现在80㎡标准化（制作、存储、陈列、展示）标本室的建成，历经几代森林防护人员近40年的艰辛努力。此标本室坐落于巴彦浩特镇林水大楼，室内统一配备了标本陈列展示保存柜台、试验制作工作台、显微解剖冷冻恒温箱等设备，现有昆虫纲标本14目、164科、660种、10743只，非昆虫纲标本3目、6科、8种、77只。标本均由阿左旗林草防检站职工在日常监测、检疫、防治及科研项目和普查工作中采集、制作，凝聚了几代人的心血，其中不乏20世纪80年代、90年代收集的标本，记载着阿左旗林草防检站科学研究和标本收藏的历程，具有深厚的历史积淀，极具科学和历史价值。

　　林业有害生物标本是确定林业有害生物种类的重要依据，也是科研、教学、益虫天敌利用，以及科技知识普及宣传的重要参考，还是林业有害生物监测预警、检疫御灾、防治减灾体系建设的基础，更是制定森林保险灾后治理及植被恢复项目实施方案的重要依据之一。

　　标本室标本主要经过干制、浸渍、解剖玻片制和针插制等处理，有展翅式、指形管式、玻片式等，虫态主要包括成虫、幼虫和蛹，标本范围涵盖阿左旗森林昆虫、森林病害及森林害鼠等。标本中以昆虫纲鞘翅目和鳞翅目的种类和数量居多。阿左旗林草防检站标本室现已成为阿拉善地区标本数量较多、种类较全、设备设施相对齐全和规范的标准化标本展示区，也是阿拉善地区林业有害生物防控技术人才培养、科学研究、学术交流的重要资源基地，先后有林业有害生物防控方面的专家、学者、学员和各级领导、社会人士等到标本室参观、研究、学习交流。

阿拉善左旗位于内蒙古自治区西部，属温带荒漠干旱区，风大沙多、干旱少雨，植被以旱生、超旱生、盐生、沙生的灌木、半灌木和小灌木为主。近年来，随着天然林保护、三北防护林等林业重点工程项目的实施，以梭梭、花棒为代表的荒漠灌木林面积逐年增加，实现了森林资源稳步增长、生态环境明显改善和林业产业快速发展。同时，灌木林区和部分乔木林区林业有害生物种类、灾害面积也逐渐扩大，已成为制约阿拉善左旗林业生产和生态文明建设的主要因素。据历史资料数据显示：阿拉善左旗年均林业有害生物发生面积 90 万亩左右，大沙鼠、云杉异色卷蛾、白刺萤叶甲、灰斑古毒蛾、春尺蠖、沙蒿金叶甲、沙冬青木虱、梭梭白粉病等 40 余种病虫鼠害不同程度分布于全旗各个苏木镇，林业鼠害年均发生面积 60 万亩左右，严重区域平均有效洞口数达到 238 个每公顷，鼠口密度 32 只每公顷。由于阿拉善左旗森林资源短缺、植物种类少、树种单一、生物多样性差、生态环境条件恶劣、抵御病虫鼠害的能力较弱，林业有害生物极易暴发成灾，同时，因灌木林主要分布于荒漠腹地，交通不便且所处沙漠水源、人力不足，导致林业有害生物防治成本高、难度大。

对此，阿左旗林草防检站历经两年的时间，通过标本整理、拍摄、编制，完成了本书的编写，本书主要针对广大农牧民和营林单位、企业，帮助读者通过简单明了的图文掌握有害昆虫、害鼠等的识别特征，并制定出有针对性的除治措施，做到早发现、早治理，杜绝本土林业有害生物的发生蔓延和外来林业有害生物的入侵，保护好阿拉善左旗生态文明建设成果。为了增加本书的实用性，在查找、参考相关文献资料的基础上对阿拉善左旗重点监测的林业有害生物和常见害虫的形态特征进行了重点描述，以指导实际工作。

由于笔者的知识面及业务水平有限，加之涉及昆虫目、科、种较多，难免存在错误和疏漏，恳请广大读者见谅，并批评指正。

编者

2023 年 3 月

目录

二、鞘翅目 Coleoptera

一、鳞翅目 · Lepidoptera

（一）天蛾科 Sphingidae

体中至大型。翅展 36 ～ 190 毫米。体粗壮，纺锤形；头部突出，通常被短鳞片，毛隆无，一般无单眼，触角线状，末端常弯曲呈小钩状；前翅狭长，马刀状；后翅较短，近三角形。

---

1 八字白眉天蛾
拉丁名：*Celerio lineata livornica*

翅展 75 ～ 83 毫米。体翅黄褐色；头及肩板四周有白色鳞毛；腹部两侧有黑、白色斑，各体节间有棕色和白色环；前翅翅面具淡黄色带和黄褐色三角形斑，斑的外侧有 1 个圆形小黑点，外缘有较宽的黄褐色带；后翅基部黑色，中部紫红

色，亚外缘线有黑色横带，外缘线粉褐色，缘毛黄色，近后角处有白色斑。

---

2 沙枣白眉天蛾
拉丁名：*Celerio hippophaës*

翅展 60 ～ 70 毫米。体翅黄褐色；头顶与颊间至肩板两侧有白色鳞毛形成的条带，似眉；腹部 1 ～ 3 节两侧有黑、白色斑；前翅基部白色，前缘茶褐色，外缘部分深褐色，顶角上半部至后缘中部有污黄白色斜带；后翅基部黑色，中部红色，其外为褐黑色。

3　深色白眉天蛾
拉丁名：*Celerio gallii*

翅展 70 ～ 85 毫米。头及肩板两侧有白色毛带；腹部背面两侧有黑、白色斑，腹面节间白色；前翅前缘墨绿色，翅基白色，自顶角至后缘接有污黄色斜带；后翅基部黑色，中部有污黄色横带，横带外侧黑色，臀角处白色，其内侧红色。

4　榆绿天蛾
拉丁名：*Callambulyx tatarinovi*（Bremer et Grey）

翅展 75 ～ 79 毫米。翅面有云纹斑。前翅前缘顶角有一块较大的三角形深绿色斑，内横线外侧连成一块深绿色斑，外横线呈 2 条弯曲的波状纹，翅的反面近基部后缘淡红色；后翅红色，后缘角有墨绿色斑，翅反面黄绿色；腹部背面粉绿色，每腹节有黄白色线纹。

5　红节天蛾
拉丁名：*Sphinx ligustri constricta* Butler

翅展 80 ～ 88 毫米。头灰褐色，颈板及肩板两侧灰粉色；胸背棕黑色，后胸有成丛的黑基白梢毛；腹部背线黑色，较细，各节两侧前半部粉红色，后半部有较狭的黑色环，腹面灰褐色；前翅基部色淡，内、中线不明显，外线呈棕黑波状纹，中室有较细的纵横交叉黑纹；后翅烟黑色，基部粉褐色，中央有 1 条前、后翅相连接的黑色斜带，带的下方粉褐色。

6　霜天蛾
　　拉丁名：*Psilogramma menephron*（Cramer）

　　翅展 90～130 毫米。体翅灰褐色。胸部背板两侧及后缘有黑色纵条及黑斑 1 对，从前胸至腹部背线棕黑色，腹部背线两侧有棕色纵带，腹面灰白色；前翅内线不明显，中线呈双行波状棕黑色，中室下方有黑色纵条 2 根，下面 1 根较短，顶角有 1 条黑色曲线；后翅棕色，后角有灰白色斑。（标本破损而且仅有 1 个无法补齐）。

7　蓝目天蛾
　　拉丁名：*Smerithus planus* Walker

　　翅展 80～90 毫米。体翅灰褐色。胸部背面中央褐色；前翅基部灰黄色，中线呈前后两块深褐色斑，中室前端有一个“丁”字形浅纹，外横线为两条深褐色波状纹，外缘自顶角以下色较深，后翅淡黄褐色，中央有目斑 1 个，斑的周围黑色，目斑上方粉红色。

8　川海黑边天蛾
　　拉丁名：*Haemorrhagia fuciformis ganssuensis* Gr.−Grsch.

　　翅展 52 毫米左右。体翅灰褐色。触角黑色。翅基片有黄绿色鳞毛，腹部末端两节的侧面黄色，腹基部下面灰色；前翅透明，黄褐色，端线至亚端线呈黄褐色膜质区，内缘翅框整齐；后翅与前翅相同，只是后角部位色稍淡。

9 白薯天蛾
拉丁名：*Herse convolvuli* (Linnaeus)

翅展 90 ～ 110 毫米。体翅暗灰色。肩板有黑色纵线；腹部背面灰色，各节两侧有白、红、黑 3 条横纹；前翅内、中、外横带各有 2 条深棕色的尖锯齿线，M_3 及 Cu_1 脉的颜色较深，顶角有黑色斜纹；后翅有 4 条暗褐色横带，缘毛白色及暗褐色相杂。

10 小豆长喙天蛾
拉丁名：*Macroglossum stellatarum*（Linnaeus）

翅展 48 ～ 50 毫米。体翅暗灰褐色。胸部灰褐色，腹面白色，腹部暗灰色，两侧有白色及黑色斑，尾毛棕色，呈刷状；前翅内、中横线棕黑色且弯曲，中室上有 1 个黑色小点，缘毛棕黄色；后翅橙黄色，基部及外缘有暗褐色带，翅的反面暗褐色并有橙色带，基部及后翅后缘黄色。

11 黑长喙天蛾
拉丁名：*Macroglossum pyrrhosticta*（Butler）

翅展 45 ～ 55 毫米。体翅黑褐色。头及胸部有黑色背线；腹部 2、3 节两侧有橙黄色斑，4、5 节有黑色斑，第 5 节后缘有白色毛丛，腹部腹面灰色或灰褐色；前翅内横线呈黑色宽带，近后缘向基部弯曲，外横线呈双线波状，亚外缘线不明显，外缘线细黑色，翅顶角至 6、7 脉间有黑色纹；后翅中央有较宽的橙黄色横带，基部与外缘黑褐色；翅反面暗赭色，基部黄色，外缘暗褐色，各横线灰黑色。

12 黄脉天蛾
拉丁名：*Amorpha amurensis* Staudinger

翅长 80 ～ 90 毫米。体翅灰褐色。翅斑纹不明显，内线、中线、外线为棕黑色波状线，外缘自顶角到中部有棕黑色斑，翅脉黄褐色，较明显；后翅颜色与前翅相同，横脉黄褐色，较明显。

（二）透翅蛾科 Sesiidae

体中型，翅狭长，通常有无鳞片的透明区，色彩鲜艳。前后翅有特殊的类似膜翅目的连锁机制。腹部有一特殊的扇状鳞簇。触角棍棒状，末端有毛。翅狭长，除边缘及翅脉上外，大部分透明，无鳞片。后翅 Sc+R$_1$ 脉藏在前缘褶内。幼虫蛀食树木的主干、树皮、枝条、根部，或草本植物的茎和叶。

13 白杨透翅蛾
拉丁名：*Paranthrene tabaniformis* Rottemburg

翅展 22 ～ 38 毫米。头半球形，头顶有米黄色鳞片，头和胸部之间有橙黄色鳞片；前翅纵狭，有褐色鳞片，中室与后缘略透明；后翅透明，缘毛灰褐色；腹部圆筒形，黑色，有 5 条橙黄色环带。

（三）夜蛾科 Noctuidae

体中至大型。体色大多较灰暗，在北方寒冷地区灰暗体色更明显，热带地区则色泽鲜艳。喙多发达，下唇须前伸或上举，触角丝状、锯齿形或栉状；胸部粗大，背面常有竖起的鳞毛丛；前翅肘脉四叉型，一般具副室；后翅四叉型或三叉型，Sc+R$_1$ 脉与 Rs 脉在中室基部有一小段相接后又分开，胫节距式 0 ~ 2 ~ 4 式；腹基部具反鼓膜巾。

14 麦奂夜蛾
拉丁名：*Amphipoea fucosa* Freyer

成虫体长 13 ~ 16 毫米，翅展 30 ~ 36 毫米。头、胸部黄褐色，腹部灰黄色。前翅黄褐色，布有暗褐细点，基线褐色，内线双线，波浪形，剑纹小，环纹黄色带锈红色，褐边，肾纹黄色带锈红色，有一弧形褐纹，内缘直，中线褐色，后半段内斜，外线双线，褐色，锯齿形，亚端线褐色，细弱，端线褐色；后翅黄褐色。

15 北奂夜蛾
拉丁名：*Amphipoea ussuriensis* Petersen

体长 12 毫米左右，翅展 36 毫米左右。头部与胸部褐黄色；腹部淡褐黄色，微带灰色；前翅褐黄色，微带红色，外半部暗棕色，尤其端区色最深，基线双线，暗棕色，内线双线，暗棕色，波浪形，环纹褐黄色，褐边，肾纹淡黄色，内缘直，内半部有褐色弯钩形纹，外半部有暗褐色锯齿形线，中线褐色，仅前半可见，外线双线，暗褐色，微锯齿形，亚端线模糊褐色，端线为 1 列黑褐色新月形点，翅脉黑褐色；后翅黄褐色。

16 两色髯须夜蛾
拉丁名：*Hypena trigonalis* (Guenee，1854)

前翅长 13.5 ～ 15 毫米。头、胸部灰褐色下唇须极长、暗灰色；前翅棕褐色，有灰色细点，内线黑色外斜至后缘，外线灰白色，微波浪形，内侧黑色，亚端线灰白色；弯曲，端线为 1 列灰白色点；后翅黄色，端区有 1 条棕黑带，前宽后窄；腹部黄色。

17 厉切夜蛾
拉丁名：*Euxoa lidia* Cramer

体长 15 毫米左右，翅展 36 毫米左右。头部及胸部红棕色，颈板基部灰色或褐色，中部有 1 条黑横线，胸背毛簇端部白色，跗节外侧微黑；腹部褐色；前翅棕褐色，前缘区黄白色，外线至亚端线间灰色，其余大部分带有黑色，基线黄白色，内线黑色，波浪形，内侧衬白色，剑纹暗褐色，环纹灰白色，较圆，黑边，肾纹灰色，外线黑色，锯齿形，亚端线灰白色；后翅淡褐色，端区色较暗，端部缘毛淡黄色。

18 皱地夜蛾
拉丁名：*Agrotis corticea* Schiffermüller

体长 17 毫米左右，翅展 41 毫米左右。头部及胸部褐色、杂灰色；前翅淡褐灰色，前缘区色较深，基线双线，黑色，内线双线，黑色，波浪形，剑纹窄长，黑边，环纹中央灰黑色，黑边，肾纹大，褐色，中线褐色模糊，外线褐色，锯齿形，双线，亚端线灰白色，内侧有 1 列黑褐尖齿状纹，端线黑色；后翅淡褐色。

19 大三角鲁夜蛾
拉丁名：*Xestia kollari* (Lederer)

别名：大三角地老虎。

体长 19 毫米左右，翅展 38 毫米左右。头部及胸部棕褐色杂黑色，头顶及颈板基部淡褐黄色，腹部淡赭黄色；前翅棕褐色，基线黄色，两侧衬黑，后端外侧成黑斑，内线双线，黑色，外斜，剑纹黑色，后半模糊，环纹斜，灰色，前端开放，肾纹褐灰色，环、肾纹间及环纹至内线间的中室黑色，外线双线，黑色，锯齿形，端线灰色，中段外弯，前端内侧有黑纹，端线为 1 列黑点；后翅赭黄色。

20 黄地老虎
拉丁名：*Agrotis segetum* Schiffermüller

前翅长 14.5～20 毫米。雄性触角双栉形。前翅灰褐色，基线、内线均双线，褐色，后者波浪形，剑纹小，黑褐边，环纹中央具 1 个黑褐点，肾纹黑褐色，中线褐色，端半部明显，外线褐色，锯齿形，外缘有 1 列三角形黑点；后翅灰白色，半透明，前后缘及端区色暗。

21 警纹地夜蛾
拉丁名：*Agrotis exclamationis* Linnaeus

别名：警纹夜蛾。

体长 16～18 毫米，翅展 37～39 毫米。头部及胸部灰色微带褐色，颈板有一黑纹，腹部灰色；前翅灰褐色，内线暗褐色，波浪形，剑纹黑色，较长窄，环纹灰褐色，黑边，肾纹大，棕褐色，黑边，外线暗褐色，锯齿形，亚端线淡，端区色较暗；后翅白色微带褐色。

22　小地老虎
拉丁名：*Agrotis ypsilon* Rottemberg

体长约20毫米，翅展约45毫米。体黑褐色。触角雌虫丝状，雄虫前端羽毛状，头、胸部背面暗褐色；前翅褐色，内横线、中横线、双线波浪形，其中内横线、双线黑色，基线、中横线、外横线褐色，外横线锯齿形，环纹、肾状纹、楔形纹黑色明显，肾形纹外侧中央部有"一"字纹；后翅灰白色，纵脉及缘线褐色；腹部背面灰色。

23　八字地老虎
拉丁名：Xestia c-nigrum Linnaeus

翅展29～36毫米。头、胸部褐色；前翅灰褐色带黑色，基线、内线及外线均双线，黑色，环纹灰白色，宽"V"形，肾纹灰褐色具黑边，亚端线浅黄色，近顶角处具1列黑斜条；后翅淡褐黄色，端区较暗；腹部背面黄白色；腹面褐色。

24　缪狼夜蛾
拉丁名：*Ochropleura musiva* Hübner

翅展约40毫米。头部及胸部淡褐色，颈板端半部黑棕色；腹部灰褐色；前翅紫褐色，前缘区灰黄色，中室后方有一黑棕色三角形，内线、外线双线，褐色，波浪形，亚端线隐约可见，色淡，前段内侧有一黑棕色纹，缘毛褐色，环纹为灰黄色"V"形，肾纹黑灰色，浅黄边；后翅淡褐色，基部较白。

25　盾兴夜蛾
拉丁名：*Schinia scutata* Staudinger

别名：兴夜娥。

体长 13 毫米左右，翅展 31 毫米左右。头部及胸部淡褐色，足灰黄色；腹部灰黄色；前翅淡褐色，内线至翅基褐色，内线黑色，外弯，前端外侧有 1 个黑点，环纹为极细褐边圆环，肾纹大，黑色，有淡褐黄圈及黑边，中线褐色，前端粗，外线黑色，前端为黑点，前半部外弯，后半部稍内弯，在各翅脉上成小齿并微间断，外线外侧衬较宽的褐色，亚端线褐色，前端内侧带黑色，呈三角形，其前缘有 1 个白点，端线为 1 列新月形黑褐点，缘毛端部淡黄与褐色相间；后翅淡黄色微带褐色，后缘及横脉纹褐色，端区有 1 条褐色宽带，其外缘在 2 ～ 4 脉间内凹，端线为 1 列新月形褐点。

26　梳跗盗夜蛾
拉丁名：*Hadena aberrans* (Eversmann)

成虫翅展约 30 毫米。头部褐色，颈板及胸背白色微带褐色；前翅乳白色，内横线内侧及外横线外侧带有褐色，基横线黑色，内横线双线，黑色，波浪形，剑纹黑边，环纹斜圆形白色黑边，中央大部褐色，后端开放，肾纹白色，中有黑曲纹，黑边，内缘黑色较向内扩展，后端外侧有 1 个黑斑达外横线，外横线双线，黑色，锯齿形，亚端线白色微波浪形，内侧 Cu ～ M 脉间有 2 齿形黑点；后翅与腹部浅褐色。

27　宽胫夜蛾
拉丁名：*Melicleptria scutosa* Schiffermüller

前翅长 14.5 ～ 16.5 毫米。头部及胸部灰黑色；前翅灰白色，基线黑色，伸达亚中褶，内线黑色波浪形，环纹、肾纹黑褐色，亚端线黑色，锯齿形，外线与亚端线间灰褐色，端线为 1 列黑点，后翅黄白色，翅脉及横脉纹黑褐色，外线黑褐色，端区有 1 条黑褐色宽带，中脉端部有 2 个黄白斑，缘毛黑色。

28 谐夜蛾
拉丁名：*Emmelia trabealis*（Scopoli，1763）

别名：白薯绮夜蛾。

前翅长 8～10 毫米。头、胸暗褐色，下唇须黄色，额黄白色；前翅黄色，前缘有 5 个黑斑，中室后及翅后缘各有 1 个黑纵条伸至外线，外线黑色、粗，环纹、肾纹为黑点，毛黑白相间；后翅烟褐色；腹部背面黄白色，具暗灰色带。

29 黑点丫纹夜蛾
拉丁名：*Autographa nigrisigna* Walker

别名：黑点银纹夜蛾。

体长 17 毫米左右。翅展 34 毫米左右。身体灰褐色，颈板后缘白色；前翅灰褐色，基线、内线及外线色浅，环纹黑色，斜窄，其后有 1 个褐心银斑，肾纹灰色，银边，外缘凹，外侧有 1 个黑斑，亚端线锯齿形，两侧带闪亮褐色；后翅淡褐色，端区色暗。

30 艳银钩夜蛾
拉丁名：*Panchrysia ornata* Bremer

体长 17 毫米左右。翅展 31 毫米左右。头部及胸部灰白色杂褐色；腹部背面淡褐色，基部黄色；前翅灰白色带褐色，基线黑色，内线双线，黑色，在前缘脉后及 1 脉处成外突齿，中段内弯，环纹扁，后缘银色，后方有 1 条 "V" 形银纹，中室端部有 1 个银点，其外有 1 条倒 "V" 形银纹，2 脉近基部后方有 1 个圆形银斑，外线双线，黑色，外侧衬白色，外斜至 7 脉折向内斜，亚端线黑色，不规则锯齿形，与外线间呈暗灰色，前端外侧白色，端线黑色；后翅褐色。

31　瘦银锭夜蛾
拉丁名：*Macdunnoughia confusa* Stephens

体长 11～13 毫米。翅展 31～34 毫米。头部及胸部灰褐色，颈板黄褐色；腹部灰褐色；前翅灰褐色，布有黑色细点，内、外线红棕色，基线灰色，外弯至 1 脉，内线在中室处，不明显，中室后为银色，内斜，2 脉基部有 1 个扁锭形银斑，外线棕色，双线，肾纹棕色，亚端线暗棕色，后半线不明显，外侧带有棕色；后翅黄褐色，端区色暗。

32　灰歹夜蛾
拉丁名：*Diarsia canescens* (Butler, 1878)

翅展 41 毫米左右。头、胸部红褐色；前翅灰褐色，基线、内线及外线均双线，黑色，内线和外线为波状，环纹和肾纹浅黄褐色，亚端线浅黄色，锯齿状；后翅灰褐色；腹部背面灰褐色，端部黑色，腹面黄褐色。

33　甘蓝夜蛾
拉丁名：*Mamestra brassicae* Linnaeus

体长 18～25 毫米。翅展 45～50 毫米。头部及胸部暗褐色杂灰色，额两侧有黑纹；腹部灰褐色；前翅褐色，基线、内线均双线，黑色波浪形，剑纹短，黑边，环纹斜圆，淡褐色黑边，肾纹白色，中有黑圈，后半有一黑褐小斑，黑边，外线黑色锯齿形，亚端线黄白色，在 3、4 脉呈锯齿形，端线为 1 列黑点；后翅淡褐色。

34 旋歧夜蛾
拉丁名：*Anarta trifolii* (Hüfnagel)

成虫翅展 31～38 毫米。头、胸褐灰色；前翅灰带浅褐，基横线、内横线及外横线均双线，黑色，后者锯齿形，剑纹褐色，环纹灰黄色，肾纹灰色，均围黑边线，亚端线暗灰色，在 $Cu_2 \sim M_3$ 脉为大锯齿形，线内 $Cu_2 \sim M_3$ 脉间有黑齿纹；后翅白色带污褐色；腹部黄褐色。

35 唉盗夜蛾
拉丁名：*Hadena rivularis* (Fabricius,1775)

前翅长 16.5 毫米左右。头、胸部灰褐色，混杂白色鳞毛；前翅灰褐色，布许多白色斑纹，基线双线，黑色，波浪形，达亚中褶，内线双线，黑色，波浪形，环纹、肾纹褐色，外线双线，黑色锯齿形，亚端线淡黄色，端线由 1 列新月形黑点组成；后翅灰白色，端区暗灰色。

36 白线缓夜蛾
拉丁名：*Eremobia decipiens* （Alphéraky,1895）

翅展 41～44 毫米。头、胸部褐色，胸部杂白色，前胸和中胸间具 1 条黑色横带；前翅灰褐色，线纹白色，基线和外线锯齿状，环纹椭圆形，肾纹窄长，翅外缘为 1 列新月形黑纹；后翅及腹部灰褐色。

37 毛隰夜蛾
拉丁名：*Autophila hirsuta* (Staudinger,1870)

前翅长 17.5 毫米左右。头、胸部暗褐色；前翅暗褐色，内线黑色，模糊，肾纹暗褐色，外线褐色，模糊，亚端线隐约可见；后翅灰褐色。

38 裳夜蛾
拉丁名：*Catocala nupta* Linnaeus

体长 27～30 毫米。翅展 70～74 毫米。头部及胸部黑灰色，颈板中部有 1 条黑横线；腹部褐灰色；前翅黑灰色带褐色，基线黑色达中室后缘，内线黑色双线波浪形，外斜，肾纹黑边，中有黑纹，外线黑色，锯齿形，在 2 脉内凸至肾纹后，亚端线灰白色，

外侧黑褐色，锯齿形，端线为 1 列黑长点；后翅红色，中带黑色，弯曲，达亚中褶，端带黑色，内缘波曲，顶角有 1 个白斑，缘毛白色。

39 褛裳夜蛾
拉丁名：*Catocala remissa* Staudinger

体长 22～25 毫米。翅展 62～69 毫米。头部及胸部淡灰褐色杂黑色，额两侧有黑斑；腹部淡灰褐色；前翅淡灰褐色，密布黑褐细点，基线黑色波浪形达亚中褶，亚中褶基部有 1 条黑纵线，内线双线黑色波浪形，外斜，肾纹褐色，其外缘锯齿形，黑边，后方有 1 个黄白斑，外线黑色锯齿

形，在 4～6 脉间明显外突，亚端线灰色衬黑，锯齿形，翅外缘有 1 列衬白的黑色长点；后翅赭红色，中部具 1 条黑带，端区具 1 条宽黑带，内缘波曲，在亚中褶处紧窄，外缘不达顶角。

40　显裳夜蛾
拉丁名：*Catocala deuteronympha* Staudinger,1861

前翅长 23 ～ 29 毫米；头、胸部棕色杂灰白色鳞片；前翅底色灰白，内线以内暗棕色；中区黑褐色，端区带黄褐色；基线黑色，伸达中室；内线黑色，外侧有 1 条白色宽斜纹；臂纹灰色，黑边，外缘锯齿形；外线黑色，在 R_3 ～ M_3 脉间成 1 巨齿，其后波浪形；亚端线灰白色，锯齿形；端线为 1 列黑点；后翅杏黄色，中带黑色，在亚中褶处内伸达基部；端带黑色，在亚中褶处间断。

41　鹿裳夜蛾
拉丁名：*Catocala proxencta* Alpheraky，1895

翅展约 36 毫米。头部及胸部灰白色杂黑棕色，腹部黄褐色；跗节黑色有黄白斑；前翅褐灰色，密布黑色点，基线、内线黑色，内线微呈波浪形；外线、亚端线微呈锯齿形，外线黑色，亚端线灰色，端线为 1 列黑点，肾纹黑褐边，后方有 1 个黑边的灰黄斑；后翅黄色，中带黑色弯曲，亚褶、亚中褶有 1 个黑纵条伸至中带，端区有 1 条黑带，呈波浪形。

42　珀光裳夜蛾
拉丁名：*Ephesia helena* Eversmann，1856

翅展约 63 毫米。头部及胸部灰色杂黑棕色，额两侧有黑纹，颈板、翅基片近边缘有黑线；腹部褐黄色；前翅青灰色杂褐色，密布黑色细点，基线黑色、亚中褶基部有 1 个黑斑和 1 个黑纵条，内线双线，黑棕色波浪形，外线双线，内线黑色，外线棕色，具外凸齿和内凸齿，亚端线灰色波浪形，两侧黑棕色，端线为 1 列黑色长点，肾纹中央褐色，外围灰色黑边，其外缘锯齿形，前方有 1 个黑纹，后方有 1 个黑边的灰褐斑；后翅金黄色，中带、端带黑色波曲，后翅外缘中段整齐波浪形；缘毛红褐色。

43　布光裳夜蛾
拉丁名：*Ephesia butleri* Leech

体长 35 毫米左右。翅展 75 毫米左右。头部及胸部黑棕色杂灰色，额两侧有白纹，触角基部及颈板端白色，翅基片边缘有黑纹；腹部黑褐色；前翅灰色，内线以内较黑，中区带有青色，端区带有褐色，全翅布有黑色细点，基线黑色波曲，达亚中褶，此处有 1 个黑纵纹，内线黑色，波浪形，外斜，肾纹中有黑圈，边缘黑色，外缘为锯齿形，前方有 1 块黑斑，后方有 1 块黑边的灰白斑，外线黑色，锯齿形，在 1 脉明显内伸，前端外侧有 1 块白斑，亚端线灰白色锯齿形，两侧色黑，端线为 1 列黑白相并的点；后翅金黄色，中带黑色，中部膨大，后端在亚中褶处与后缘区的大黑斑相合，端带黑色，其外缘中段呈锯齿形。

44　柞光裳夜蛾
拉丁名：*Ephesia streckeri*（Staudinger，1888）

前翅长 25 ～ 27.5 毫米。头、胸部棕色，混杂灰白色；颈板与翅基片端部具黑纹；前翅灰白色，密布黑细点，内线以内暗褐色，基线黑色，伸达亚中褶，内线黑色，锯齿形，肾纹新月形，前方有 1 块黑褐色近三角形斑，肾纹后有 1 块黑边的心形白斑，外线黑色，锯齿形，亚端线灰白色，锯齿形；后翅黄色，中带、端带黑色，端带在臀角处断裂，外缘中段有几个黑点。腹部灰褐色。

45　苜蓿夜蛾
拉丁名：*Heliothis viriplaca* Hufnagel

体长约 15 毫米。翅展约 35 毫米。头部及胸部淡灰褐色微带霉绿色；腹部淡褐色，各节背面有微褐横条；前翅黄褐色带青绿色，中部有 1 块深色斑，斑上有不规则小点，缘毛灰白色，沿外缘有 7 个新月形黑点，近外缘有浓淡不均的棕褐色横带；后翅淡黄褐色，中部有 1 块大型弯曲黑斑，外缘有黑色宽带，带中央有白斑。

46 宁妃夜蛾
拉丁名：*Aleucanitis saisani* Staudinger

翅展约 37 毫米。头部和胸部褐色，颈部有 2 个黑纵条；腹部灰棕色；前翅灰褐色，基线黑色，内线呈双线，黑色，波浪形，中线褐色，外线黑色，锯齿状，肾纹棕色，内缘黑色杂白色，亚端线大波浪形；后翅基半部灰白，外缘半边黑褐色，其内侧具 1 块半月形黑褐斑。

47 躬妃夜蛾
拉丁名：*Aleucanitis flexuosa* Ménétrès

体长 17 毫米左右。翅展 35 毫米左右。头部及胸部淡褐色杂深褐色，颈板中部杂黑色；腹部黄白色密布褐点，各节间淡褐色；前翅淡褐色，密布黑色细点，外线至外缘间色较深，基线黑色达亚中褶，内线黑色波浪形，肾纹黑褐色，边缘不清，前方有双外斜黑纹及 1 个内斜

黑纹，外线黑色，外弯至 3 脉基部折向后，亚端线为黄白色大波浪形，内侧暗褐色，前段内侧约成 1 块黑褐斑，亚端区翅脉黑色，端线黑色，缘毛白色；后翅白色；外半有 1 块大黑斑，顶角及 2 脉端部白色，中脉及 2、3 脉基部黑色，横脉纹后半黑色。

48 绣罗夜蛾
拉丁名：*Leucanitis picta* Christoph

体长 15 毫米左右。翅展 33 毫米左右。头部及胸部褐色杂白色及少许黑色，下唇须、下胸及足白色，下唇须与足带褐灰色；腹部淡褐灰色，腹面白色；前翅褐色杂少许白色，基部色略浅，前缘色较黑，肾纹黄白色，有黑圈，外线黑色，缘毛端部白色间褐黑色；后翅白色，后缘微褐。

49 绣漠夜蛾
拉丁名：*Anumeta cestis* Ménétrès

体长 12 毫米左右。翅展 32 毫米左右。头部及胸部褐色，下唇须基部白色，第二节端部及第三节黑色；腹部白色；前翅棕褐色杂褐黄色，内线以内及前缘区色较灰，内线隐约可见深锯齿形，环纹为 1 个黑棕点，肾纹黑棕色，边缘不清，外线黑棕色，外弯，后半二曲并衬以黄白色，亚端线黄白色，二曲、外线与亚端线间的前缘脉上有黑白相间的点列，翅外缘具 1 列尖端向内的齿形黑点；后翅白色，亚端区有 1 块黑斑，亚中褶有 1 个赭黄色纵纹。

50 塞妃夜蛾
拉丁名：*Aleucanitis catocalis* Staudinger

体长 17 毫米左右。翅展 40 毫米左右。头部及胸部褐色；腹部黄灰色；前翅淡褐灰色，密布黑棕色细点，基线双线，黑棕色，内线双线，黑色，波浪形，线间黑棕色，中线细，暗褐色，肾纹黄灰色，黑边，弯钩形，外线黑棕色，锯齿形，端线黑色；后翅淡褐黄色，翅脉褐色，横脉纹黑色。

51 实夜蛾
拉丁名：*Heliothis viriplaca* (Hufnagel,1766)

前翅长 12 ~ 17.5 毫米。头部、胸部灰褐色；前翅淡灰褐色，内线不明显，环纹由 3 ~ 5 个小黑斑组成，肾纹大，黑色，外围几个黑点，中线暗褐色，带状，外线与亚端线间有 1 条暗褐色带，各脉间具黑点，端线为 1 列黑点，缘毛基部微黑；后翅黄白色，横脉大，近椭圆形，黑色，端区有 1 条宽黑带；腹部土黄色，各节背面有褐色横纹。

52 粘虫
拉丁名：*Leucania separata* Walker

体长 15 ～ 17 毫米。翅展 36 ～ 40 毫米。头部及胸部灰褐色；腹部暗褐色；前翅灰黄褐色、黄色或橙色，变化较多，内线往往只有几个黑点，环纹，肾纹褐黄色，界限不显著，肾纹后端有 1 个白点，其两侧各有 1 个黑点，外线为 1 列黑点，亚端线自顶角内斜至 5 脉，端线为 1 列黑点；后翅暗褐色，向基部渐浅。

53 白点粘夜蛾
拉丁名：*Leucania loreyi* Duponchel

别名：劳氏粘虫。

体长 12 ～ 14 毫米。翅展 31 ～ 33 毫米。头部及胸部褐赭色，颈板有 2 条黑线；腹部白色微带褐色；前翅褐赭色，翅脉微白，两侧衬褐色，各脉间褐色，亚中褶基部有 1 条黑纵纹，中室下角有 1 个白点，顶角有 1 条隐约的内斜纹，外线为 1 列黑点；后翅白色，翅脉及外缘带褐色。

54 侠冬夜蛾
拉丁名：*Cucullia generosa* Staudinger,1889

前翅长约 20.5 毫米。头、胸部黄褐色；前翅黄褐色，翅面散布黑色斑点，中室下缘为 1 条黑线，顶角处具 1 黑纹，斜伸达 M 脉，端线为 1 列黑色点；后翅浅黄褐色，端区色暗，缘毛黄白色。

55 模粘夜蛾
拉丁名：*Leucania pallens* Linnaeus

体长 14 毫米左右。翅展 33 毫米左右。头部及胸部淡赭黄色，触角干基部白色；腹部淡黄色；前翅淡赭黄色，翅脉黄白色衬以淡褐色，各翅脉间有淡褐色纵纹，中室下角有 1 个黑点，外线仅 5 脉上显 1 个黑点，或完全不显；后翅白色微染淡赭色。

56 白钩粘夜蛾
拉丁名：*Leucanta proxima* Leech

体长 12 毫米左右。翅展 29 毫米左右。头部及胸部褐色杂灰色，下唇须外侧，黑色，颈板有 3 条黑横线，翅基片边缘黑棕色；腹部褐色；前翅褐赭色，布有黑点，亚中褶基部有 1 条黑纵纹，其上有 1 个白点，中脉端部为 1 条白短纹，在横脉处向前钩，后缘区中部有 1 条黑纵纹，外线黑色，锯齿形，在亚中褶处有 1 条黑纹内伸，亚端线淡褐色，自顶角内斜至 5 脉，然后外弯，其外侧色暗褐，内侧各脉间有黑纹，端线为 1 列黑点；后翅淡褐色，端区色暗。

57 粘夜蛾
拉丁名：*Leucania comma* (Linnaeus,1761)

前翅长 17.5 毫米。头、胸部灰色，混杂少量黄褐色鳞毛；前翅前缘白色，散布黑点，翅面中部伸出 1 条长黑纹，中室后缘具 1 条白色长纹，翅端部脉纹灰白色，缘毛暗灰色；后翅灰黑色，端区色深。

58 绒秘夜蛾
拉丁名：*Mythimna velutina*（Eversmann,1846）

翅展 41～48 毫米。头部和前胸深灰褐色，中、后胸及翅基片灰白色，翅基片内侧缘黑色；前翅灰褐色，杂黑色鳞片，M 脉白色，除前缘区外，各翅脉间黑色，亚中褶基部具 1 条黑纵纹，其端部上方另有 1 条黑纵纹，翅基部下缘具 1 个黑斑，中室内部具 1 条黑纹，末端具 1 条黄褐色纹，内、外侧均布黑纹，外线为 1 列黑色齿形斑，端线黑色；后翅浅黄褐；腹部黄褐色。

59 曲线贫夜蛾
拉丁名：*Simplicia niphona* (Butler)

翅展约 30 毫米。头、胸黄褐色；前翅黄褐色，内横线褐色，波浪形，肾纹褐色，点状，外横线褐色，细锯齿形，亚端线白色，近呈直线；后翅灰黄色，亚端线白色，不明显，端线褐色。

60 蔷薇扁身夜蛾
拉丁名：*Amphipyra perflua* (Fabricius，1787)

翅展约 54 毫米。头部及胸部黑棕色杂淡褐色；腹部灰褐色；足黑棕色，有褐纹，跗节有淡褐环；前翅大部黑棕色，基线、内线淡褐色，内线波浪形，外线淡褐色，锯齿形，外侧有 1 列黑棕色尖齿状纹和 1 条细褐线，亚端线淡褐色，锯齿形，端线由 1 列棕褐半月纹组成，内侧灰白色，环纹扁斜，淡褐边；后翅褐色。

61 网夜蛾
拉丁名: *Heliophobus reticulata* Goeze

别名: 网行军虫。

体长 17 毫米左右。翅展 40 毫米左右。头部及胸部褐色杂灰色及黑色; 腹部褐色; 前翅暗褐色, 翅脉白色, 基线白色波曲达 1 脉, 两侧黑色, 内线白色, 在亚前缘脉折成一齿, 然后内弯至中室后外斜, 环纹斜圆形, 黑心白圈, 肾纹白边, 中有黑扁圈, 剑纹大, 黑边, 外线白色, 两侧黑色, 细波浪形, 外弯, 亚端线白色, 内侧 1 列齿形黑纹, 端线黑色, 后翅淡褐色, 端区色暗。

62 围连环夜蛾
拉丁名: *Perigrapha circumducta* Lederer

别名: 连环夜蛾。

体长 20 毫米左右。翅展 50 毫米左右。头部棕色杂灰白色, 触角干白色, 胸部褐色, 颈板端部白色; 腹部褐色; 前翅褐色, 前缘区、后缘区及端区大部带黑灰色, 外线前后端的外侧带黑灰色, 中区带深棕色, 内线直, 达 1 脉, 环纹、肾纹淡褐色, 巨大, 均与后方半圆形淡褐斑相连, 外线外斜至 6 脉向内斜折, 亚端线不明显, 前端内侧有 1 条黑短纹; 后翅褐色。

63 仿爱夜蛾
拉丁名: *Apopestes spectrum* Esper

体长 30 毫米左右。翅展 66 毫米左右。头部黄褐色, 颈板基半部褐色, 端部微白; 胸部淡灰褐色; 腹部淡褐黄色; 前翅淡灰褐色, 密布黑褐细点。基线黑褐色达中脉, 内线黑褐色, 波浪形, 稍外斜, 中线黑褐色, 微波浪形, 环纹白色, 肾纹黄白色, 中有暗褐圈, 外线黑褐色, 波浪形, 在中褶处外弯, 亚端线微白, 波浪形, 内侧稍暗褐, 外缘具 1 列黑点, 亚中褶处有 1 块黑斑, 位于亚端线内侧; 后翅灰黄褐色, 端线黑褐色, 缘毛褐黄色。

64 黄条冬夜蛾
拉丁名：*Cucullia biornata* Fishcher

体长 21 毫米左右。翅展 46 毫米左右。头部黄白色杂暗褐色；胸部灰色杂暗褐色，颈板有 2 条黑棕色细线；腹部褐灰色；前翅褐灰色，翅脉黑棕色，亚中褶及中室外半部淡黄色，亚中褶基部有 1 条黑纵线，内线及外线黑棕色，仅在亚中褶后可见深锯齿形，端区各脉间有褐线及淡黄色细纵线；后翅黄白色，端区微带褐色。

65 长冬夜蛾
拉丁名：*Cucullia elongata* Butler

体长 20 毫米左右。翅展 40 毫米左右。头部及胸部灰色杂暗褐色，颈板近基部有 1 条黑横线；腹部淡褐黄色，毛簇黑色；前翅褐灰色，窄长，翅脉黑色，亚中褶基部有 1 条黑纵线，内线双线，暗褐色，深锯齿形，环纹及肾纹大，中部凹，灰白色边，中央有褐圈，外线黑色，锯齿形，中段不显，在 2 脉后衬以灰白色，亚端区有隐约的斜纹，端线为 1 列黑点，翅后缘黑褐色；后翅淡褐色，端区色深，缘毛黄白色。

66 艾菊冬夜蛾
拉丁名：*Cucullia tanaceti* Schiffermüller

体长 20 ～ 21 毫米。翅展 48 ～ 50 毫米。头部及胸部灰色，额有黑斑，颈板近基部有 1 条黑横线，中部有 2 条暗灰纹；腹部灰色带褐色；前翅灰色带暗棕色，翅脉黑色，亚中褶有 1 条黑色细线，内线双线黑色，深锯齿形，剑纹长，黑边，1 条黑线自 4 脉基部沿中室横脉弯至 2 脉基部，外线黑色，自 2 脉中部深双曲形至后缘，亚端区 4、5 脉间有 1 条黑纹，2 脉后有 2 条黑纹，外线后端外有模糊黑纹，端线为 1 列黑色长点；后翅灰白色，向外渐带褐色。

67 角线寮夜蛾
拉丁名：*Sideridis conigera* Schiffermüller

别名：角线粘虫。

体长 11 ～ 13 毫米。翅展 31 ～ 33 毫米。头部及胸部黄色杂红褐色；腹部褐色；前翅黄色带红褐色，翅脉微黑，内线红棕色，直线外斜至亚中褶，向内斜折，环纹隐约可见黄色，肾纹白色，中部有 1 块黄斑，后端内突，外侧微黑，亚端线黑棕色，在前缘脉后角内斜折，端线红棕色；后翅赭黄色，端区带有褐色。

68 野爪冬夜蛾
拉丁名：*Oncocnemis campicola* Lederer

别名：爪冬夜蛾

体长 14 毫米左右。翅展 32 毫米左右。头部黑褐色，颈板灰色；胸部褐黑；腹部灰褐色；前翅蓝灰色，内、外线间暗褐色，翅基部及亚端线内外带有暗褐色，基线、内线及外线均双线，暗褐色，内线双曲线，环纹及肾纹中央褐色；围以蓝白圈，黑边，中线粗，黑色，外线细锯齿形，亚端线蓝白色，锯齿形，内侧各脉间有黑色尖纹，端线黑色；后翅白色，翅脉及端区褐色。

69 波荠夜蛾
拉丁名：*Raphia peusteria* Püngeler, 1907

翅展 34 ～ 36 毫米。头、胸部及前翅黑色，杂白色；前翅内、外线黑褐色，内线在 1A 处极内斜，形成锐齿，外线波状；环纹和肾纹白色，亚端线白色。后翅白色，外缘和后缘具黑色鳞片。

70 分纹冠冬夜蛾
拉丁名：*Lophoterges millierei*(Staudinger,1870)

前翅长 15 ～ 16.5 毫米。头、胸部灰褐色；前翅灰褐色、内线黑色，环纹、肾纹灰白色，长椭圆形，斜伸与肾纹相连，端线黑色；后翅暗灰色。

71 交安夜蛾
拉丁名：*Lacanobia praedita*（Hübner，1807）

翅展 30 毫米。头部灰白色；胸部灰褐色；前翅黄褐色，翅基部具 1 块黑色三角形斑，内线和外线黄白色，两线间灰褐色，具 1 块黄白色角状斑，亚端线黄白色，4 脉处锯齿状，端线黄白色；后翅黄褐色；腹部灰褐色。

72 荒夜蛾
拉丁名：*Agroperina lateritia* Hüfnagel

体长 20 毫米左右。翅展 50 毫米左右。头部及胸部褐色杂紫灰色，额两侧有黑斑，下唇须外侧黑褐色，足跗节黑褐色，有白斑；腹部灰黄褐色；前翅褐色杂紫灰色，基线灰色，两侧微黑，内线黑色，锯齿形，前端内侧有 1 个白点，环纹斜，有模糊的白圈，肾纹黑褐色，其外缘明显白色，外线黑色，锯齿形，齿尖在翅脉上为黑点及白点，前端外侧衬以白色，亚端线微，前缘脉在外线至亚端线有 3 个白点，缘毛黑色；后翅褐色。

73 桃剑纹夜蛾
拉丁名：*Acronicta incretata* Hampson

体长 19 毫米左右。翅展 42 毫米左右。头顶灰棕色，下唇须、颈板及翅基片外缘均有黑纹；腹部褐色；前翅灰色，基线仅在前缘脉处有 2 个黑条，基线剑纹黑色，树枝形，内线双线，暗褐色，波浪形外斜，环纹灰色，黑褐边，斜圆形，肾纹灰色，中央色较深，黑边，两纹之间有 1 条黑线，中线褐色，仅前端明显，外线双线，外一线明显，锯齿形，在 5 脉及亚中褶处各有 1 条黑色纵纹与之交叉，亚端线白色，不明显；后翅白色，外线微黑，端区带灰褐色。

74 赛剑纹夜蛾
拉丁名：*Acronicta psi* Linnaeus

体长 16 毫米左右。翅展 37 毫米左右。头部及胸部灰色杂白色，下唇须第二节外侧基半部黑色，颈板及翅基片端部各有黑点，胫节有黑纵纹，跗节有暗斑；腹部灰色；前翅灰白色，密布黑褐细点，基线只在前缘区现双黑纹，剑纹黑色，基剑纹中部分处有 1 个向后的短枝，端剑纹穿越外线近达翅外缘，内线双线，黑色，波浪形外斜，环纹及肾纹黑边，环纹斜，以 1 条黑短纹与肾纹相连，两纹前方有 1 条暗褐斜纹，外线黑色，内侧衬白色，前端双线，细波浪形外弯，在 3、4 脉处成齿形，其后内斜弯，外线外方色微褐，外缘及缘毛各具 1 列黑色点；后翅白色，翅脉微褐，外缘具 1 列黑点。雌蛾后翅隐约可见褐色外线，端区微带褐色。

75 锐剑纹夜蛾
拉丁名：*Acronicta aceris* Linnaeus

体长 16 毫米左右。翅展 45 毫米左右。头部及胸部褐黄色，下唇须第二节有黑条，足、翅基片有黑纹；腹部淡黄色；前翅褐黄色，剑纹深褐色，端部分枝，基线仅在前缘脉处可见黑色双线，内线双线，黑色，波浪形，环纹小，深褐色边，肾纹深褐色，内缘有 1 条深褐线，中线前半明显，后半微弱，外线双线，褐色，锯齿形，翅外缘及缘毛基部有 1 列小黑点后翅白色，外区翅脉色较污。

76 蚕豆影夜蛾
拉丁名：*Lygephila viciae* (Hübner，1822)

翅展 35 毫米。头部黑褐色，额灰色，头顶与额分界处白色，下须褐色；胸部背面灰白色，有少许黑点，颈板黑褐色，翅基片灰色带褐色，有黑点，足灰褐色；前翅灰褐色，内线褐色，模糊，波浪形，前缘脉上有 1 个黑褐斑，肾纹褐色，围以黑褐点，外线不明显，亚端线灰色，两侧暗褐色，全翅布有褐色细纹；后翅淡褐色；腹部褐色。

77 塞望夜蛾
拉丁名：*Clytie syrdaja* Bang-Haas

体长 14 ～ 16 毫米。翅展 36 ～ 38 毫米。雄蛾头部及胸部淡灰褐色；腹部淡黄褐色；前翅淡灰褐色，散布零星黑点，环纹黑色，肾纹暗灰色，不清晰，外线微黑，弱，亚端线暗黄色，两侧色较暗褐，在 7 脉及 4 脉处外突；后翅淡褐色，亚端区有 1 条黑色宽带，端区灰黑色。雌蛾头胸灰色杂少许黑色；前翅灰色，布满黑点，环纹黑色，肾纹灰色黑边，呈 "8" 字形，外线黑色，稍外弯，亚端线在 7 脉处外凸，其内侧有黑三角形斑，端线为 1 列新月形黑纹。

78 间色异夜蛾
拉丁名：*Protexarnis poecila* Alpheraky

体长 18 毫米左右。翅展 40 毫米左右。头部及胸部褐灰色杂白色及少许黑色，颈板中部有 1 条黑横纹，端部白色；腹部黄白色；前翅淡赭色，大部带有暗灰色，翅脉白色，前缘区较灰白，基线双线，黑色，波浪形，线间白色，内线双线，黑色，波浪形，剑纹黑边，1 条白纵线自其端部伸至外线，环纹斜，外端尖，白色黑边，肾纹白色，后端分裂成二突，中线黑色，锯齿形，外线黑色，锯齿形，外侧衬白色，亚端线白色，内侧有 1 列尖齿形黑纹，端线为 1 列黑点，缘毛端部白色；后翅淡赭色，缘毛白色。

79	旋幽夜蛾
	拉丁名：*Scotogramma trifolii* Rottemberg

体长 12 毫米左右。翅展 31 毫米左右。头部及胸部褐灰色，颈板中部有 1 条黑横线，翅基片边缘有黑线；腹部亮黄褐色；前翅灰色微带褐色，基线、内线均双线，黑色，波浪形，剑纹短小，褐色黑边，环纹斜圆形，灰黄色边，肾纹大，中央有黑褐纹，黑边，外线黑色，锯齿形，亚端线灰黄色，在 3、4 脉上成大齿形，内侧 2～4 脉间有 3 个黑尖纹，外侧暗灰色，端线为 1 列黑点；后翅白色带褐色，翅脉及端区暗褐色。

80	金翅夜蛾
	拉丁名：*Plusia chrysitis* Linnaeus

体长 17 毫米左右。翅展 36 毫米左右。头部及胸部黄色，翅基片灰褐色；腹部褐灰色；前翅紫灰色，内、外区各有 1 条金绿色宽带，并在亚中褶以 1 条金绿色宽纵条相连，成斜"工"字形大斑，亚端线褐色波曲；后翅暗褐色。

81	碧金翅夜蛾
	拉丁名：*Plusia nadeja* Oberthür

体长 18 毫米左右。翅展 40 毫米左右。头部淡黄褐色；胸部黄褐色，翅基片及胸部后缘褐色；腹部淡褐色；前翅斑纹与金翅夜蛾相似，亚中褶的金绿色条较短窄；后翅淡褐色，略带黄色。

82　紫金翅夜蛾
拉丁名：*Plusia chryson* Esper

　　体长 21 毫米左右。翅展 42 毫米
左右。头部黄褐色；翅基片紫棕色，
胸背中央有黄褐色毛；腹部淡黄褐色，
前三节有黑褐色毛簇；前翅灰紫色，
中区及外区黑紫色带金色，基线黑色，
内斜，前端有 1 条弧线，肾纹黑色，
外方有 1 块斜方形大金斑，外线波浪
形，金斑内前方前缘脉上有 1 个黑点，亚端线灰紫色，锯齿形；后翅淡褐黄色，外
线褐色。

83　冬麦异夜蛾
拉丁名：*Protexarnis squalida* Guenée

　　体长 18 ～ 21 毫米。翅展
48 ～ 51 毫米。头部及胸部淡褐色；
腹部淡褐白色；前翅淡褐色，基
线黑色，波浪形，达1脉，内线黑色，
波浪形，在中室为二内凸齿，环
纹及肾纹不显著或黑边，中线隐
约可见，外线黑色，锯齿形，尖
端为黑点，亚端线隐约可见，端
线为 1 列黑点；后翅淡褐色，缘毛黄白色。

84　银装冬夜蛾
拉丁名：*Argyromata splendida* Stoll

　　体长 13 ～ 16 毫米。翅展
31 ～ 39 毫米。头部及胸部白色杂暗
灰色，颈板基部及端部暗灰色；腹
部淡赭黄色；前翅银蓝色，后缘外
半部土黄色，缘毛白色；后翅白色，
端区带有暗褐灰色。

85 小兜夜蛾
拉丁名：*Calymnia exigua* Butler

体长 11 毫米左右。翅展 30 ～ 40 毫米。头部及胸部灰褐色，下唇须外侧微黑；腹部淡灰褐色；前翅淡红褐色，基线淡褐色，内线黑色，直线外斜，环纹褐黄色，中央褐色，肾纹黄褐色，前、后部各有 1 个黑点，中线暗褐色，粗，外斜至肾纹后端角内斜折，外线黑褐色，外侧衬黄灰色，外斜至 6 脉，折角直线垂向后缘，亚端线黄色，有大波曲，端线为 1 列黑褐点，外线与外缘间黑褐色；后翅褐色，缘毛端部淡黄色。

86 克袭夜蛾
拉丁名：*Sidemia spilogramma* Rambur

体长 20 毫米左右。翅展 45 毫米左右。头部及胸部灰色，带淡褐色并有少许黑点。雄蛾触角双栉形，端部线形，栉齿长，额两侧有黑斑，足跗节褐色有淡黄斑；腹部淡黄灰色，臀毛簇褐色；前翅灰褐色有霉绿色调，基线双线，黑色，波浪形，内侧较暗褐，内线双线，黑色，波浪形，剑纹淡褐色，黑边，环纹灰黑色有白圈，内、外边线黑色，肾纹灰黑色，中央淡褐色，外围白色圈带黑边，中线黑色，后半与外线平行，外线双线，黑色，锯齿形，亚端线微白，内侧衬黑点，尤其前端明显，外线至亚端线一段的前缘脉有 3 个白点；后翅白色，翅脉及端区灰褐色。

87 远东地夜蛾
拉丁名：*Agrotis desertorum* Boisduval, 1840

翅展 31 ～ 33 毫米。头、胸部及前翅黄褐色，胸部及前翅杂黑褐色鳞片；前翅内线，黑褐色，波形，环纹眼状，中部具 1 个黑斑，边缘黑色，剑纹黑色，圆形，肾纹黑褐色，外缘齿状，外线黑褐色，锯齿形；亚端区白色，端线为 1 列黑色斑纹，后翅灰白色，端缘具 1 列黑色斑纹，腹部背面黄褐色，腹面黄白色。

88 藏逸夜蛾
拉丁名：*Caradrina himaleyica* Kollar,1844

前翅长15.5～17毫米。头、胸部灰白色，前翅灰色，混杂褐色鳞片，内线双线，黑色，环纹小，黑灰色，肾纹长，内缘有2个白点，外缘有3个白点，中线前端为三角形黑纹，外线锯齿形，亚端线锯齿形，端线为1列黑点；后翅灰白色。

89 穗逸夜蛾
拉丁名：*Caradrina clavipalpis* (Scopoli,1763)

前翅长13～14.5毫米。头、胸部淡灰褐色；前翅灰褐色，密布黑点，基线在前缘脉成黑点，内线黑色，前端有1个黑点，环纹小，黑色，肾纹不明显，外线黑色，细锯齿形，亚端线淡褐色，端线黑色；后翅灰白色，顶角处色暗。

（四）波纹蛾科 Thyatiridae

外形更似夜蛾。有单眼，下唇须小，喙发达。触角通常为扁柱形或扁棱柱形。前翅中室后缘翅脉三叉式。后翅 Sc+R$_1$ 脉与中室前缘平行，在中室末端与 Rs 脉接近或接触，其基部与中室分离。爪形突三叉。幼虫具毛瘤或枝刺，趾钩双序中带。

90 沤泊波纹蛾
拉丁名：*Bombycia ocularis* (Linnaeus,1758)

翅展32～40毫米。头部灰褐色，触角基部黑褐色，其余黄白色；胸部灰色，夹杂棕色粗糙鳞片；前翅灰色，带土黄色，亚基线灰色，内线与外线均为双线，边缘黑褐色，亚端线灰白色，翅顶角有1条向内倾斜的黑色短线，环纹灰白色，基部具1个小黑点，肾形纹近"8"字形，有2个黑点，端线黑色，缘毛灰白色；后翅灰白色，外线呈灰色宽带，外缘暗灰色，缘毛灰白色。

（五）舟蛾科 Notodontidae

体型一般中等大小，体长 35 ～ 60 毫米，少数可达 100 毫米以上。体多褐色，少数色浅。喙柔弱或退化；无下颚须；下唇须 3 节，前伸或上举；具单眼，不发达；触角一般雄蛾双栉形，雌性线形；胸部隆起，被浓厚鳞片和毛；鼓膜位于胸部末端，在鼓膜之上的后盾区具膨大部分，呈蜡滴状；前翅后缘中部常具齿形毛簇，停息时前翅折于背部，毛簇立起呈角；足胫节距骨化的端部边缘具锯齿。雄性腹部末端具长毛状鳞毛簇。幼虫体色鲜艳，栖息时头尾翘起，形如龙舟。幼虫一般危害树木，取食寄主植物的叶片，多为森林害虫，部分为果树害虫。

91 榆白边舟蛾
拉丁名：*Nericoides davidi*（Oberthür）

体长约 17 毫米。翅展雄性约 37 毫米、雌性约 41 毫米。头和胸部背面暗褐色，翅基片灰白色，腹部灰褐色；前翅前半部暗灰棕褐色，翅面有一大齿形曲，后半部灰褐带有一层灰白色，有 1 块灰白色纺锤形斑，内、外线黑色，外线锯齿形，内侧隐约可见 1 条模糊暗褐色横带，前缘近翅顶处有 2 ～ 3 个黑色小斜点；后翅灰褐色，具 1 条模糊的暗色外带。

92 短扇舟蛾
拉丁名：*Clostera curtuloides* (Erschoff,1870)

翅展雄性 27 ～ 36 毫米、雌性 32 ～ 38 毫米。头部土黄色；触角灰白色；胸部土黄色，被褐色鳞片；前翅灰红褐色，顶角斑暗红褐色，在 3 ～ 6 脉间呈钝齿形弯曲，较长，亚基线、内线和外线灰白色，边缘较暗，外线从前缘到 6 脉之间白色较明显，弯曲，缘毛土黄色；后翅灰色，外缘色暗，缘毛灰白色。

93 杨二尾舟蛾
拉丁名：*Cerura menciana* Moore

别名：双尾天社蛾、二尾柳天社蛾、杨二叉。

蛾体、翅灰白色；胸背 10 个黑点对称排列为 4 纵行；前翅基有 2 个黑点，面翅有数排锯齿状黑色波纹，外缘有 8 个黑点；后翅白色，外缘有 7 个黑点。

94 杨剑舟蛾
拉丁名：*Pheosia fusiformis* Matsumura

别名：杨白剑舟蛾。

翅展 49～57 毫米。蛾体、翅灰褐色，前翅前缘靠顶角处及后缘色深，外缘具细褐色线纹；后翅灰色，臀角处具深色圆形斑，斑中间有模糊白斑。

95 腰带燕尾舟蛾
拉丁名：*Harpyia lanigera* (Butler)

别名：小双尾天社蛾、中黑天社蛾、黑斑天社蛾。

翅展 33～41 毫米。头和颈板灰色；胸背有 4 条黑带，带间具青黄色；腹背黑色，每节后缘衬灰白色横线；前翅灰色，内外线之间较暗，呈烟雾状，内线为 1 条中间收缩的黑色宽带，两侧衬赭红色或赭黄色，

带外侧隐约有黑线相衬，一般仅在前、后缘和中间可见，外线双线，黑色，锯齿形，从前缘至 4 脉有 1 条黑色宽带，横脉纹为 1 个黑点；后翅白色。

（六）灯蛾科 Arctiidae

体色鲜艳，通常为红色或黄色，且多具条纹或斑点。触角丝状或羽状。前翅 M_2、M_3 与 Cu 接近，似自中室下角分出；后翅 Sc+R_1 与 Rs 自基部合并，至中室中部或以外分开。

96	亚麻篱灯蛾 拉丁名：*Phragmatobia fuliginosa* (Linnaeus)

别名：亚麻灯蛾

翅展 30～40 毫米。头、胸暗红褐色，触角干白色，腹部背面红色，背面及侧面各有 1 列黑点，腹面褐色；前翅红褐色，中室端具 2 个黑点；后翅红色，散布暗褐色，亚端带黑色，有的个体断裂成点状，缘毛红色。

97	石南灯蛾 拉丁名：*Eyprepia striata* (Linnaeus)

翅展 29～33 毫米。头、胸、触角黑色，颈板与翅基片黑色，黄边，腹部橙黄色，背面及侧面有黑带；前翅橙黄色，前缘黑色，翅脉间隙、中室边及横脉纹黑色，端线黑色；后翅橙黄色，前缘基半部黄色，前缘区、横脉纹及端区黑色，后缘散布黑纹；前、后翅缘毛黄色。

98 黄臀黑污灯蛾
拉丁名：*Spilarctia caesarea*（Goeze）

翅展 36 ~ 40 毫米。头胸及腹部第一节和腹面黑褐色，腹部其余各节橙黄色，背面和侧面具黑点；翅黑褐色，后翅臀角有橙黄色斑。

99 明痣苔蛾
拉丁名：*Stigmatophora micans* (Bremer)

翅展 32 ~ 42 毫米。体白色；头、颈板、腹部橙黄色；前翅前缘和端线区橙黄，前缘基部黑边，亚基点黑色，内线斜置 3 个黑点，外线具 1 列黑点，亚端线具 1 列黑点；后翅端线区橙黄色，翅顶下方有 2 个黑色亚端点；前翅反面中央散布黑色。

100 日土苔蛾
拉丁名：*Eilema japonica* (Leech)

翅展 23 ~ 30 毫米。体暗褐灰色，头、颈板基部、翅基片外侧黄色，翅基片其余大部分及胸部褐灰色，腹部灰色；前翅褐灰色，前缘带、缘毛黄色；后翅黄色，中部灰色。

（七）尺蛾科 Geometridae

体细，翅阔，纤弱，常有细波纹。后翅 Sc+R$_1$ 在近基部与 Rs 靠近或接触，形成小基室。第 1 腹节腹面两侧有 1 对鼓膜听器。

101	春尺蠖 拉丁名：*Apocheima cinerarius* Erschoff

别名：沙枣尺蠖、杨尺蠖。

雄成虫翅展 28 ~ 37 毫米。体灰褐色，触角羽状，前翅淡灰褐至黑褐色，有 3 条褐色波状横纹，中间 1 条常不明显。雌成虫无翅，体长 7 ~ 19 毫米，触角丝状，体灰褐色，腹部背面各节有数目不等的成排黑刺，刺尖端圆钝，臀板上有突起和黑刺列。因寄主不同，体色差异较大，可由淡黄至灰黑色。

雄蛾　　　　　　　　　　　　　　雌蛾

102	桦尺蛾 拉丁名：*Biston betularia* Linnaeus

翅面灰褐色，散布灰色小点；前翅内线、中线、外线黑色，与亚缘线在前缘处形成 5 个明显的黑色斑点，内线双弧线，外线在 M$_1$ 和 M$_3$ 之间向外明显凸出，雌性在 Cu$_2$ 和 A 脉之间微向外凸出，外线外侧具灰色斑块，亚缘线深灰色，缘线在各脉间呈黑色短条状，缘毛深灰色掺杂黑色，中点黑色短条状；

后翅外线在 M$_1$ 和 M$_3$ 之间向外凸出，中点较前翅小；翅反面灰白色。

103　桦霜尺蛾
　　拉丁名：*Alcis repandata* Linnaeus

　　体色灰褐有焦褐色斑；前翅外线中部向内弯曲，除外缘线外，其他线不是很清楚，在外线与中线之间色很浅，呈灰白色；后翅线纹较前翅清晰。

104　贡尺蛾
　　拉丁名：*Gonodontis aurata* Prout

　　前翅长 27 毫米，土黄色，外缘锯齿形，共 3 齿，越后越大，外线明显，灰黄两色，内线灰色不明显，中室上有 1 个灰圆点，中空；后翅淡黄，外线浅灰，上部不明显，中室圆点比前翅上的略大；翅反面略浅灰，斑纹同正面。

105　落叶松尺蛾
　　拉丁名：*Erannis ankeraria* Staudinger

　　翅大而薄，浅黄色，有枯色碎纹；前翅外线暗褐色，曲度大，中室上有 1 块暗星斑，外线外有 2 块星斑；后翅浅黄，中室上有 1 个模糊的圆点。

106 白斑汝尺蛾
拉丁名：*Rheumaptera albiplaga* (oberthur,1886)

前翅长 20～24.5 毫米。头、胸部暗褐色；前翅黑色，被大量白色鳞片，翅前缘 3/5 处具 1 大块白斑，伸达中室后缘，其下后方接 1 块椭圆形白斑，此斑伸达 M_3 脉末端；后翅灰黑色，外缘波浪形弯曲。

107 平游尺蛾
拉丁名：*Euphyia unangulata* (Haworth,1809)

翅展 24～28 毫米。前翅基部至中线颜色较浅，深色中带与两侧颜色明显区别，外线中部的凸齿较短，较钝，顶角处有 1 条灰白色带，在 M_1 附近伸达亚缘线或外域的白色带；后翅中点大；前后翅反面中点黑色，大而清晰。

108 云杉尺蠖
拉丁名：*Erannis yunshanvora* Yang

雄成虫翅展约 32 毫米。触角羽毛状。胸部密被紫褐色和黄色长毛。腹部黄色，散布褐色和黑色斑点。前翅黄色，翅面散布紫灰色小点，内横线紫褐色，翅基部和前缘部小点较密集，翅室端有 1 个紫褐色斑，外横线与亚外缘线呈 1 条较宽的横线，此线在翅室端外方向外弯曲，缘毛淡黄色，与翅脉相应的缘毛为紫褐色，形成 6 个小斑。后翅淡黄色，散布淡紫色小点，外横线和室端黑斑均小而淡。

雌成虫体长约 12 毫米，全体淡黄褐色，布有黑色花斑，翅退化仅留有小毛丛的痕迹。触角丝状，淡黄色。

雄蛾　　　　　　　雌蛾

109 污日尺蛾
拉丁名：*Selenia sordidaria* Leech, 1897

前翅长 14 ~ 17.5 毫米。头、胸部黄褐色；前翅浅黄色，翅前缘散布锈褐色斑纹，内横线端部弯曲，锈褐色，中线仅端部明显，外线色淡，顶角尖锐，外缘波浪形；后翅土黄色，中线锈褐色，外线具白边。

110 驼尺蛾
拉丁名：*Pelurga comitata* (Linnaeus, 1758)

翅展 25 ~ 29 毫米。头、胸部黄褐色，中胸前半部凸起呈驼峰状；前翅浅黄褐色至黄褐色，基线黑褐色，波状，内线黄白色，在中室上缘处凸出，外侧与外线间色深，中点小，黑色，外线黑褐色，波状内斜，中部具 1 个大突起，外侧饰黄白色纹，自顶角斜伸出 1 条黑褐色纹，达 R$_5$ 脉，端线褐色；后翅浅黄褐色；腹部黄褐色。

111 泛尺蛾
拉丁名：*Orthonama obstipata* (Fabricius, 1794)

翅展 20 ~ 22 毫米。雌雄异型。雄性头部灰褐色，杂黄褐色鳞片；颜面下侧呈 1 前突鳞片；胸部黄褐色，杂灰褐色；前翅黄褐色，中部具 1 条黑褐色宽带，中点黑色，外线黄白色，锯齿形，内侧饰黑褐色，顶角处具 1 条黑褐色短斜纹；后翅黄褐色杂黑褐色鳞片；腹部黄褐色，杂灰褐色鳞片。

雄蛾

雌性与雄性的区别是前翅色深，红褐色，中部具 1 条黑褐色宽带，中点白色，内部具 1 个黑点，内线白色，双线波状，外线和亚端线不甚显，白色，波状。

（八）枯叶蛾科 Lasiocampidae

中型至大型，粗壮多毛，停歇时似枯叶，后翅前缘区扩大。触角栉齿状。眼有毛，单眼消失。喙退化。足多毛，胫距短，中足缺距。翅宽大，缺翅缰。常雌雄异形。雌蛾笨拙，雄蛾活泼有强飞翔力。

112 黄褐天幕毛虫
拉丁名：*Malacosoma neustria testacea* Motschulsky

别名：天幕枯叶蛾、顶针虫。

雄性成虫体长约15毫米，翅展长约28毫米，全体淡黄色；前翅中央有2条深褐色的细横线，两线间的部分色较深，呈褐色宽带，缘毛褐灰色相间。雌成虫体长约20毫米，翅展长约34毫米；体翅黄褐色；腹部色较深；前翅中央有1条镶有米黄色细边的赤褐色宽横带。

113 桦树天幕毛虫
拉丁名：*Malacosoma rectifascia* Lajonquière

别名：绵山天幕毛虫。

翅展雌虫33～38毫米，雄虫26～30毫米。雌蛾体翅黄褐色，前翅中间有2条平行的褐色模线，外缘脉间明显外突，缘毛外突处褐色，凹陷处灰白色；后翅中间有1块深色斑纹。雄蛾触角鞭节黄褐色，体翅赤褐色，前翅中间呈深赤褐色宽带，宽带内外侧衬以浅黄褐色线纹；后翅斑纹不明显。

114 李枯叶蛾
拉丁名：*Gastropacha quercifolia* Linnaeus

翅展雌虫 60 ～ 84 毫米，雄虫 40 ～ 68 毫米。体翅有黄褐、褐、赤褐、茶褐等；触角双栉状，唇须向前伸出，蓝黑色；前翅中部有波状横线 3 条，外线色淡，大线呈弧状，黑褐色，中室端具黑褐色斑点，明显，外缘齿状呈弧形，较长，后缘较短，缘毛蓝褐色；后翅有 2 条蓝褐色斑纹，前缘区橙黄色。

115 杨枯叶蛾
拉丁名：*Gastropacha populifolia* (Esper, 1784)

翅展 44 ～ 78 毫米。体黄褐色至红褐色；下唇须长而尖，灰褐色；触角黄褐色，分支黑褐色；头、胸、背正中常具黑褐色中纵线，有时翅基片具黑褐色边；前翅黄褐色或红褐色，散布少数黑色鳞片，具 5 条黑色断续波状纹，有变异，有的翅面纯色，无斑纹，后翅具 3 条黑色斑纹，外缘锯齿状，腹部被密毛。

（九）木蠹蛾科 Cossidae

体中型，触角羽状，下颚须及喙管均缺，下唇须短小。体一般具浅灰色斑纹。前、后翅中室保留有 M 脉基部，前翅有副室及 Cu_2，后翅 Rs 与 M_1 接近，或在中室顶角外侧，出自同一主干。

| 116 | 芳香木蠹蛾 |
| | 拉丁名：*Cossus cossus orientalis* Gaede，1929 |

体长 30～40 毫米。翅展 60～90 毫米。雄蛾触角栉形，雌蛾触角锯齿形；头部及颈板黄褐色；胸部暗褐色，后胸带黑色，足胫节有距；腹部灰色；前翅暗褐灰色，中区色稍灰白，全翅布有较密黑色波曲横纹；后翅褐灰色，大部布有黑褐波曲纹。

| 117 | 榆木蠹蛾 |
| | 拉丁名：*Holcocerus vicarius*（Walker，1865） |

翅展 45.5～86 毫米。头顶毛丛、鳞片和翅基片暗灰褐色；颜面黑褐色，下唇须紧贴颜面，黄褐色，略上举；触角线形，近片状，黑褐色；中胸黄白色，近后缘具 1 条黑横带；翅底色较暗，前翅前缘基部 2/3 处、中室及中室基部下方 1/3 处、翅端部均为暗灰褐色，中室末端具 1 块明显白斑，中室后与 1A 脉间具 1 块褐色区，翅端部具网状黑纹；后翅灰黑色，中室黄白色；腹部黄褐色，杂黑褐色。

（十）毒蛾科 Lymantriidae

体中至大型。喙退化或消失；无单眼；触角一般双形，雄蛾分支长于雌性。翅通常圆阔，有些种类雌性翅退化。后翅具封闭或半封闭的基室。鼓膜器位于后胸末端。雌性腹部末端常有鳞毛丛。幼虫体常具瘤突，瘤上具毛束，有些毛有毒，会引起人的过敏反应；腹部第 6、7 节具翻缩腺。幼虫一般危害树木，取食寄主植物的叶片。

118 **灰斑古毒蛾**
拉丁名：*Orgyia antiquoides*(Hübner)

雌蛾体长 10～17 毫米，翅退化。雄蛾体长 10～12 毫米，翅展 24～30 毫米。雄蛾体黄褐色；触角干黄色，栉齿黄褐色；前翅赭褐色，内线褐色、宽，中部向外微弯，中区前宽后窄，色暗，前缘有 1 块近三角形紫灰色斑，横脉纹赭褐色，新月形，周围紫灰色，外线褐色，锯齿形，亚端线褐色，不清晰，外缘有 1 块白斑；后翅深褐色。雌蛾翅退化，足短，跗节微退化，爪简单，体被白色绒毛。

雄蛾腹面　　　　　　　　雌蛾腹面

119 **舞毒蛾**
拉丁名：*Lymantria dispar*（Linnaeus）

别名：松针黄毒蛾、秋千毛虫、柿毛虫。

翅展雄蛾 40～55 毫米，雌蛾 55～75 毫米。雄蛾体褐棕色；前翅浅黄色布褐棕色鳞，斑纹黑褐色，基

雄蛾　　　　　　　　雌蛾

部有黑褐色点，中室中央有 1 个黑点，横脉纹弯月形，内线、中线波浪形，折曲，外线和亚端线锯齿形，折曲，亚端线以外色较浓；后翅黄棕色，横脉纹和外缘色暗，缘毛棕黄色。雌蛾体和翅黄白色微带棕色，斑纹黑棕色；后翅横脉纹和亚端线棕色，端线为 1 列棕色小点。

120　侧柏毒蛾
拉丁名：*Parocneria furva* (Leech)

别名：基白柏毒蛾。

体褐色，体长约 17 毫米。翅展约 25 毫米。雌虫触角灰白色，呈短栉齿状；前翅浅灰色，翅面有不显著的齿状波纹，近中室处有 1 块暗色斑点，外缘有若干黑斑；后翅浅黑色，带花纹。雄虫触角灰黑色，羽毛状，体色深灰褐色，前翅花纹消失。

雄蛾

121　杨雪毒蛾
拉丁名：*Stilpnotia salicis* (Linnaeus)

别名：柳毒蛾。

成虫体长约 20 毫米。翅展约 45 毫米。全体白色，具丝绢光泽；翅上鳞被较厚，触角主干白色带棕色纹；足的胫节和跗节生有黑白相间的环纹。雄虫交配器的外缘有细锯齿。

（十一）卷蛾科 Tortricidae

体小至中型，翅展多为 7～35 毫米，少数可达 60 毫米。头顶具粗糙的鳞片；具单眼；喙发达，基部无鳞片；下唇须 3 节，平伸或上举，被粗糙鳞片。前翅阔，宽三角形；有些雄性前缘具前缘褶，其内具特殊香鳞；中室具 M 脉主干，一般不分支。

122	**异色卷蛾**
	拉丁名：*Choristoneura diversana* Hübner

翅展 16～22 毫米。头胸部具灰褐色鳞毛，雄前翅无前缘褶；前翅银灰褐色或棕褐色，花纹变化很大，深褐色的基斑和端纹有的明显，有的不明显，但中带一般都明显，上窄下宽，有时中腰间断，网状纹也明显；后翅灰褐色，缘毛较长。

123	**苹白小卷蛾**
	拉丁名：*Spilonota ocellana* Schiffer müller et Denis

翅展 15 毫米左右。头及胸部暗褐色；前翅长而宽，中部灰白，基斑、中带和端纹暗褐色，基斑、端纹特别清楚，中带前半截不明显，后半截在后缘上方呈三角形，端纹近圆形，中间有黑斑点 3 个，三角形与圆斑之间呈银灰色，前缘上有多对白色钩状纹。

124 苹小食心虫
拉丁名：*Grapholitha inopinata* Heinrich

别称：苹蛀虫、东北苹果小食心虫、苹果小蛀蛾。

体长约 4.6 毫米。翅展约 11 毫米。全体暗褐色，带紫色光泽。前翅前缘约有 8 组白色短斜纹，翅面上有许多白色鳞片形成的白点，近外缘白点排列较齐，靠外缘有 1 排不甚明显的小黑；后翅灰褐色，雄虫具翅缰 1 根，雌虫具 2 根。

125 光轮小卷蛾
拉丁名：*Rudisociaria expeditana* (Snellen, 1883)

前翅长 7.5 ～ 8.5 毫米。前翅呈狭三角形，翅基部有橘黄色鳞片；翅底银白色，有棕黑色斑纹；基斑、中带和端纹都很明显，但边界不整，多呈波曲状，同时在斑内夹杂有银白色短条斑纹；中室处有明显的白斑点，前缘有 6 对白色钩状纹，3 块银白色斑，缘毛黑褐夹杂白色；后翅灰褐色，缘毛浅灰褐色。

（十二）螟蛾科 Pyralidae

复眼裸，大而圆。下唇须或平伸，或斜上举或上弯于额前面；喙通常发达，但在有些类群中退化或消失。前翅一般为宽三角形，R_5 脉与 R_3+R_4 脉共柄或合并；后翅宽于前翅，臀域大；鼓膜器的鼓膜泡几乎完全闭合；节间膜与鼓膜在同一平面上；无听器间突。

126 云杉梢斑螟
拉丁名：*Dioryctria schuetzeella* Fuchs

翅展 23 毫米。前翅灰褐色，内横线及外横线灰色，弯曲如锯齿状，外缘棕褐色，中室有 1 块白斑，缘毛棕色；后翅棕褐色，缘毛棕色。

127 松果梢斑螟
拉丁名：*Dioryctria pryeri*（Ragonot，1893）

前翅长 11.5 ～ 14 毫米。体灰色，有白斑；前翅内横线及外横线弯曲，灰白色，边缘色暗；中室有 1 块白斑，中部具棕褐色斑，缘毛灰褐色；后翅淡灰褐色，缘毛暗灰色。

128 树脂梢斑螟
拉丁名：*Dioryctria resiniphila* Segere & Pröse，1997

翅展 26.5 ～ 31.5 毫米。头顶灰白色。胸部、鳞片和翅基片灰褐色，胸部端部有黄白色鳞片；前翅底色褐色，散生白色鳞片，亚基线灰白色，近前缘处不明显，内横线白色，具两个内弯尖角，外镶黑褐色宽边，外横线白色，内镶黑褐色边，中室端斑白色，圆形，外缘线黑色，较宽，缘毛黄褐色；后翅半透明，前缘及后缘灰黑色；缘毛灰白色。

129 豆荚斑螟
拉丁名：*Etiella zinckenella*（Treitschke，1832）

别称：豆荚螟、大豆荚螟、豆蛀虫、豆荚蛀虫。

成虫体长 10 ～ 12 毫米，灰褐色或暗黄褐色；前翅狭长，沿前缘有 1 条白色纵带，近翅基有 1 条黄褐色宽横带；后翅黄白色，边缘色泽较深。

130 豆锯角斑螟
拉丁名：*Pima boisduvaliella* (Guenee,1845)

前翅长 9.5 ～ 12.5 毫米。头部灰色、淡褐色；触角背面灰色；下唇须灰褐色被大量白色鳞片，很长，前伸；前翅黄褐色，混杂黑褐色鳞片，前缘从基部至顶角有 1 条黄白色纵带，翅基部色深，中室端部具 1 块小黑斑，翅面中室下方土黄色，缘毛灰白色；后翅灰白，顶角及外缘色暗，缘毛灰白色。

131 稻雪禾螟
拉丁名：*Niphadoses gilviberbis* (Zeller)

翅展雄蛾 16～18 毫米，雌蛾 18～24 毫米。纯白色。雌蛾尾毛丛内侧褐色，外侧白色；雄蛾前翅反面暗褐色。

132 银光草螟
拉丁名：*Crambus perlellus* (Scopoli，1763)

翅展 21～28 毫米。头部银白色；胸部银白，腹部灰色；前翅银白色，有光泽，没有斑纹；后翅银白，无条纹，其间有浅褐色；前后翅缘毛银白色。

133 菊髓斑螟
拉丁名：*Myelois cribrumella* Hübner

翅展 13～15 毫米。体灰白色；前翅白色，翅基有 1 个黑点，中室基部有 3 个黑点排成三角形，中室端脉有 2 个黑点，外缘有 5 个黑点排成一行，外缘线由小黑点组成，缘毛白色；后翅灰白色，无斑点。

134 尖锥额野螟
拉丁名：*Loxostege verticalis* Linnaeus

翅展 26 ～ 28 毫米。淡黄色；头、胸、腹部褐色；前翅各脉纹颜色较暗，内横线倾斜弯曲，波纹状，中室内有 1 个环带和卵圆形室斑，外横线细锯齿状，由翅前缘向 Cu_2 脉附近伸直，又沿着 Cu_2 脉到翅中室角以下收缩，亚外缘线细锯齿状向四周扩散，翅前缘和外缘略黑；后翅外缘毛黄，横线浅黑，于 Cu 脉附近收缩，亚外缘线弯曲，波纹状，外缘线暗黑色，翅反面脉纹与斑纹深黑。

135 黄伸喙野螟
拉丁名：*Mecyna qinata* (Fabricius，1794)

前翅长 11 ～ 13 毫米。头、胸淡红褐色；下唇须棕褐色，基部白色；翅基片暗褐色；前翅底色黄褐色，前缘红褐色；中室前上角具小块暗色斑，端脉斑长条形，黑色；有不明显波纹状内横线及外横线，外缘颜色暗；后翅黄白色，外缘为黑褐色宽带。

136 灰钝额斑螟
拉丁名：*Bazaria turensis* Ragonot, 1887

翅展 8.5 ～ 21 毫米。雄性头顶鳞毛淡褐色，雌性灰白色。触角淡褐色；前翅底色灰白色，杂褐色，内横线位于翅基部 1/4 处，弧形，灰白色，外侧镶褐色边，外横线与外缘平行，灰白色，内侧镶黑褐色边，缘毛基部灰白色，端部褐色；后翅半透明，灰色，边缘深灰色，缘毛白色。

137 网锥额野螟
拉丁名：*Loxostege sticticalis*(Linnaeus,1761)

前翅长 12 ～ 13.5 毫米。前翅底色棕褐色混杂白色鳞片，中室圆斑黑褐色，端脉斑肾形，黑褐色，二者间具淡黄色四边形斑，后中线黑褐色，略呈锯齿状，出自前缘 4/5 处，在 Cu 脉后内折至 Cu 脉中部，达后缘 2/3 处，亚外缘线淡黄色，外缘线和缘毛黑褐色；后翅褐色，后中线灰褐色，外缘具淡黄色线，亚外缘线黄色，外缘线黑褐色。

138 旱柳原野螟
拉丁名：*Proteuclasta stötzneri* (Caradja，1927)

翅展约 33 毫米。额褐色，有白色纵条；头顶淡黄色，喙基部鳞片淡黄色，触角有白斑或白纵带，背面被白色鳞片，腹面褐色，密布微毛，颈片、翅基片和胸部背面褐色、淡褐色或灰白色；腹面灰白色；前翅灰褐色至白色，二者分界线黑褐色，中部有褐色线，后翅半透明，外缘带前半部宽，灰褐色，前后翅外缘线黑褐色，缘毛白色，腹部背面灰白色，腹面褐色。

（十三）草蛾科 Ethmiidae

成虫头部光滑，无单眼，前翅上有多少不等的黑斑点，中室长，无副室，R_4 和 R_5 脉共柄，A 脉基部分叉大，后翅 M_3 和 Cu_1 脉同出一点或共柄。

139 密云草蛾
拉丁名：*Ethmia cirrhocnemia*（Lederer，1870）

翅展 25 毫米左右。头部灰黑色，胸部灰色，有黑色圆斑 4 枚；腹部橘黄色，基部有黑斑，前、中足灰黑色，后足橘黄色，有黑斑，前翅灰黑色，翅面上有 5 枚黑色圆斑，从翅前缘开始，经顶角、外缘直到臀角，有 11 枚黑色圆斑；后翅亦呈灰黑色，较前翅略深。

（十四）草螟科 Crambidae

头部头顶有直立的鳞片；额区形状变化较大，有圆形、扁平、锥形、圆柱形、脊状、刺状或凹凸不平等情况；下唇须 3 节，前伸、斜上举或向上弯于颜面之前。喙通常很发达，但在一些类群中则退化；复眼大，球形，无可见刚毛，昼出性的复眼有时退化，周围常裸露；足细长，雄性常有结构各异的香鳞；听器间突简单或两裂；鼓膜泡开放，鼓膜脊存在，有特殊的感觉器。

140 银翅黄纹草螟
拉丁名：*Xanthocrambus argentarius*(Staudinger，1867)

翅展 19 ～ 25.5 毫米。体黄白色。前翅银白色，前缘黄褐色，外横线"M"形，淡黄色杂淡褐色，亚外缘线波状，白色，内侧具淡褐色边，外侧具淡黄色边，外缘中部和臀角之间具 3 个黑色斑点；后翅白色。

141	岷山目草螟 拉丁名：*Catoptria mienshani* Bleszynski，1965

翅展 18～20 毫米。额和头顶乳白色；翅基片淡黄色；前翅黄褐色，有 2 块纵条白斑，内侧白斑近三角形，外侧白斑为不规则四边形，白斑周围被黄褐色至黑色鳞片，亚外缘线白色，前端约 1/3 处外弯成一角，顶角有 1 块白色斑点，外缘均匀分布 1 列黑色斑点，缘毛褐色；后翅灰色，外缘稍暗，缘毛灰白色；足白色；腹部淡褐色。

（十五）斑蛾科 Zygaenidae

体小至大型，翅展 12～110 毫米。头部光滑，大多具单眼，下唇须短，光滑。触角大多粗壮，呈棒状。前翅阔，顶角圆，通常有金属光泽并且大多具有突出的红色或黄色斑点。后翅圆滑，等于或略宽于前翅。成虫通常白天活动，飞行缓慢。

142	梨叶斑蛾 拉丁名：*Illiberis pruni* Dyar

别名：梨星毛虫。

翅展 23～24 毫米。体及翅暗青蓝色，有光泽，翅半透明，翅缘浓黑色，略生细毛。

（十六）麦蛾科 Gelechiidae

体小至中型，翅展 7 ～ 32 毫米。头部通常光滑，被朝前下方弯曲的长鳞片；下唇须 3 节，通常上举，极少平伸，第 2 节较粗且具毛簇及粗鳞片，第 3 节尖细；触角线状，雄性下侧常具短纤毛；前翅广披针形，一般无翅痣。后翅顶角突出，外缘内凹。成虫大多晚上活动，可以灯诱获得，少数种类白天活动；幼虫生活习性多样，包括卷叶、缀叶、潜叶、蛀梢、蛀果、蛀茎、蛀种子，少数种类腐生。

143　皮氏后麦蛾
拉丁名：*Metanarsia piskunovi* Bidzilya, 2005

翅展 20 ～ 22 毫米。头、胸部亮黄色；触角柄节白色，鞭节灰褐色，具白环；下唇须微弯，第 2 节外侧浅黄褐色，内侧白色，第 3 节白色，长度约为第 2 节的 1/2；前翅浅黄色，近外缘有褐色鳞片，中部和 2/3 处各具 1 块褐色小斑，缘毛黄褐色；后翅浅灰色，缘毛黄褐色；腹部黄褐色。

（十七）鹿蛾科 Amatidae

小至中等大小的蛾类，喙发达，有的已退化，下唇须短而平伸，长而向下弯或向上翻，头小，触角丝状或双栉状。胸足胫节距短，腹部常具斑点或带。翅面一般缺鳞片，有透明窗；前翅矛形、较窄，翅顶稍圆，中室为翅长一半多；后翅显著小于前翅。

144　黑鹿蛾
拉丁名：*Amata ganssuensia* (Grum—Grshimailo)

翅展 26 ～ 36 毫米。黑色，带有蓝绿或紫色光泽，触角尖端亦黑色，下胸具 2 块黄色侧斑，腹部第 1 节及第 5 节上有橙黄带；翅黑色，带蓝紫或红色光泽，前翅具 6 块白斑，后翅具 2 块白斑，翅斑大小变异较大。

（十八）大蚕蛾科 Saturniidae

除翅脉外，触角羽状，胫节无距，无翅缰，体大型，翅色鲜艳，翅中各有 1 枚圆形眼斑，后翅肩角发达，某些种的后翅上有燕尾。幼虫粗壮，大多生有许多毛瘤。蛹的触角栉状宽大，下颚须很短，有些有短尾棘。若干种也能产丝。

145 樗蚕
拉丁名：*Philosamia cynthia* Walker et Felder

体长 25 ～ 33 毫米。翅展 127 ～ 130 毫米。体青褐色。前翅褐色，前翅顶角后缘呈钝钩状，顶角圆而突出，粉紫色，具有黑色眼状斑，斑的上边为白色弧形；前后翅中央各有 1 个较大的新月形斑，新月形斑上缘深褐色，中间半透明，下缘土黄色，外侧具 1 条纵贯全翅的宽带，宽带中间粉红色，外侧白色，内侧深褐色，基角褐色，其边缘有 1 条白色曲纹。

（十九）凤蝶科 Papilionidae

体中至大型，大型种较多。色彩鲜艳，翅面底色黑色、黄色或白色，具红、绿、蓝等色斑纹。触角向端部逐渐膨大。前翅三角形，后翅 M_3 脉常延伸成尾突，有些种尾突 2 条，或无尾突。

146 金凤蝶
拉丁名：*Papilio machaon* Linnaeus,1758

体大型。前翅长 34 ～ 50 毫米。体翅金黄色。腹面和侧面没有黑条纹。前翅基部 1/3 黑色，散生黄色鳞片。

背面　　　　　　　　　腹面

（二十）蛱蝶科 Nymphalidae

体小型至中型，少数为大型种。色彩丰富，形态各异，花纹相当复杂。下唇须粗壮；触角长且端部明显加粗，呈锤状；复眼裸出或有毛；部分种类的中胸特别粗壮发达；前足退化，缩在胸下，无作用，雄性为1跗节，雌性4～5跗节，爪全退化。前翅多呈三角形，后翅近圆形或近三角形，部分种类边缘呈锯齿状。

147 单环蛱蝶
拉丁名：*Neptis rivularis*（Scopoli，1763）

中小型。前翅长23～29毫米，黑色，前翅顶角附近有3块白斑，前中室长白斑，分为4～5段；后翅中央有长方形白斑连成斜宽带，翅展开时前后翅的带连成1个环形。反面后翅亚基条显著，基域内无黑点。

背面　　　　　　　　　　　　　　腹面

148 夜迷蛱蝶
拉丁名：*Mimathyma nycteis* Ménétriès，1858

中型略大。前翅长27～36毫米。黑色，中室内有1个浅白色长箭状纹，前翅顶角处有3个白斑，亚缘有浅白斑列。反面黄褐色，前中室银蓝色，内有2～4个黑点，Cu2室紫黑色；后翅除中域带及亚缘带外有1条基带，亚缘带内侧有1列小白点，其他同正面。

背面　　　　　　　　　　　　　　腹面

149 黄缘蛱蝶
拉丁名：*Nymphalis antiopa*（Linnaeus，1758）

翅展约68毫米。紫褐色。翅面有1列蓝紫色的斑点，外缘为灰黄色的宽边，前翅

背面　　　　　　　腹面

顶角有2个灰黄色的斜斑。翅反面黑褐色，有浓密的黑色波状细纹，外缘为黄白色宽边。

150 黄钩蛱蝶
拉丁名：*Polygonia c-aureum*（Linnaeus）

成虫棕色。翅黄红色；前翅外缘前、后有2个较深内凹，有大小黑斑9个；后翅背面中部有十分明显的黄色"<"形纹1个。

背面　　　　　　　腹面

151 大红蛱蝶
拉丁名：*Vanessa indica*（Herbst,1794）

中型。前翅长26～30毫米。黑褐色。近顶角有几个小白斑，翅中央有1条宽而不规则的红色

背面　　　　　　　腹面

横带，基部及后缘暗褐色；后翅暗褐色，外缘为红色，有4个小黑斑，其内侧有不规则的黑斑列，臀角黑色，上有青蓝色鳞片。前翅反面同正面，只顶角为茶褐色，中室端部的黑斑中有青蓝色鳞；后翅反面为不同深度的褐色，呈复杂的云状斑，外缘色淡，其内侧有4～5个不明显的眼状斑。

152	小红蛱蝶
	拉丁名：*Vanessa cardui*（Linnaeus，1758）

成虫体黑灰色。翅红黄色，外缘白色，被1列黑斑分割。前翅基部及后缘灰黄色，靠顶角部分黑色，翅面有白斑及黑褐色斑块。前翅反面顶角黑褐色，中部横带鲜红色。后翅反面多灰白色线及不规律分布的褐色纹，外缘有1条淡紫色带，其内侧有4～5个中心青色的眼状纹。

背面　　　　　　　　腹面

153	荨麻蛱蝶
	拉丁名：*Aglais urticae* Linnaeus ,1758

成虫体黑色。前翅外缘黑色，上有1列黄斑，基部灰黄色，前缘有3个矩形大黑色块，后缘部分红褐色，有黑色斑块；后翅外缘有黑色宽带，翅基部为大片黑色斑块，基部斑块和外缘宽带间为红褐色。

背面　　　　　　　　腹面

154	榆黄黑蛱蝶
	拉丁名：*Nymphalis xanthomelas* Denis et Schiffermüller

成虫体黑色。翅红黄色；前翅有大小黑斑7个，外缘有宽黑带，外侧有灰黄色斑7个；后翅前缘有大黑斑，外缘黑带纹镶紫蓝色带纹，背面中部有模糊小白点。

背面　　　　　　　　腹面

155	柳紫闪蛱蝶 拉丁名：*Apatura ilia* Denis et Schiffermüller，1775

翅展约 64 毫米。翅面黄褐色或黑褐色，具有强烈的紫色闪光，前翅约有 10 个白斑，中室有 4 个呈方形排列的小黑斑；后翅中央有 1 条白色横带，有 1 个小眼斑；翅反面，前翅有 1 个黑色蓝瞳眼斑，外围棕色；后翅白色带上端宽，下端为楔形带。

背面　　　　　　　　　　　腹面

156	灿福蛱蝶 拉丁名：*Fabriciana adippe* Linnaeus,1758

翅展约 65 毫米。橙黄色，亚外缘为 1 列新月形黑斑，外缘为 2 条黑线，前翅中室内为 4 条波浪形条纹，中室外具 2 个黑横斑，中域为 1 列波状黑纹；后翅中室内为 1 拱形黑斑，中部波状黑纹带。

背面　　　　　　　　　　　腹面

157	圆翅网蛱蝶 拉丁名：*Melitaea yuenty* Oberthür，1886

前翅长 14 ～ 16 毫米。翅面黄褐色，有规则的横或弯的黑色斑列，前翅基部斑纹类似翅面，端缘浅黄色；后翅基部黄白色，有许多黑斑，中区有 1 条黄白色弯带，其上有黑色斑纹，外缘黄白色，脉间有小黑点，向内有黑色锯齿状线纹。

背面　　　　　　　　　　　腹面

（二十一）眼蝶科 Satyridae

体小型至中型。常以灰褐、黑褐色为基调，饰有黑、白色彩的斑纹，不鲜艳。眼周围有长毛，触角端部逐渐加粗，但不明显，呈棒状；前足退化，缩在胸下，不适于步行。雄性只有1跗节，雌性4～5跗节，爪全退化。前翅近三角形；后翅近圆形，两翅反面近亚外缘常具多数眼状的环形斑纹。

158　斗毛眼蝶
拉丁名：*Lasiommata deidamia* (Eversmann, 1851)

中型。前翅长25～29毫米，黑褐色，缘毛白色，前翅近端部有2条白色的斜带，近顶角有1黑色眼状纹，具暗黄色的边环和白心；后翅正面有2～3个眼斑，反面比正面色稍淡，外缘有2条细线，后翅有6个眼斑，基外侧有淡色的弧形线，其内侧亚外缘有白色宽带。

背面　　　　　　　　　　　　腹面

159　仁眼蝶
拉丁名：*Hipparchia autonoe* (Esper, 1784)

中型。前翅长26～30毫米，棕褐色，亚缘至中域有宽黄斑带，由后翅向外渐失，前翅黄斑域内有2个黑色斑，斑内有白点。反面有中域线带，线内色较深，近臀角有1个黑色小眼斑。

背面　　　　　　　　　　　　腹面

160 寿眼蝶
拉丁名：*Pseudochazara hippolyte*（Esper，1784）

翅展约 45 毫米。触角锤棒状。前翅基部至中区灰褐色，中室有 1 条黑带，亚外缘有 1 条黄褐色宽带，带中有 2 个白瞳眼斑；后翅灰褐色，亚外缘有 1 个黄褐色条，臀区有 1 个小眼斑。

背面　　　　　　　　　　腹面

161 蛇眼蝶
拉丁名：*Minois dryas*（Scopoli,1763）

翅展约 59 毫米。触角线状。翅深褐色，前翅亚外缘处有 2 个大眼斑，有银白色瞳点；后翅臀角区有 1 个小眼斑。翅反面，后翅中区有 1 条银白色的条带，臀角区有 2 个眼斑。

背面　　　　　　　　　　腹面

162 红眼蝶
拉丁名：*Erebia alcmena* Grum－Grshimailo,1891

前翅长 26 ～ 31 毫米。翅黑褐色，前翅的亚缘区有 1 个红色斑，斑中间有 2 个相连和 1 个分离的黑色白心的眼状纹；后翅没有斑纹，有的有极小的小白点。反面较淡，前翅斑纹同正面，后翅有淡色亚缘宽带 1 条。

背面　　　　　　　　　　腹面

163　牧女珍眼蝶
拉丁名：*Coenonympha amaryllis* (Gramer,1782)

小型。前翅长 14 ～ 17 毫米。黄色，前翅亚外缘有 3 ～ 4 个模糊黑斑，外缘褐色。反面前翅亚外缘有 4 ～ 5 个眼斑，后翅有 6 个眼斑，内侧有云状白斑块列，有亚缘线分布，后翅基半部青灰色。

背面　　　　　　　　　　　　　　　腹面

（二十二）粉蝶科 Pieridae

体型比凤蝶小，触角呈棍棒状，下翅尾端没有尾突；翅颜色大多是粉黄或者粉白，斑纹不多，少数有红色斑纹。前翅三角形，后翅卵圆形。

164　山楂粉蝶
拉丁名：*Aporia crataegi* Linnaeus

体长约 23 毫米。体黑色。头胸及足被淡黄白色或灰色鳞毛；触角棒状，黑色，端部黄白；前后翅白色，翅脉和外缘黑色。

背面　　　　　　　　　　　　　　　腹面

165 斑缘豆粉蝶
拉丁名：*Colias erate* (Esper,1808)

体中型。前翅长 17 ～ 26 毫米。雌雄异色。雄蝶前翅外缘宽阔的黑色区有黄色纹，中室端有 1 个黑点；后翅外缘的黑纹多相连成列，中室的圆点在正面为橙黄色，反面为银白色外，有褐色圈。

雌蝶背腹面　　　　　　雄蝶背腹面

166 橙黄豆粉蝶
拉丁名：*Colias fieldi* Ménétriès, 1855

体黑色。前翅长 26 ～ 32 毫米，密被橙黄色鳞毛。翅橙黄色，雌蝶翅端黑色宽带具黄色斑纹，雄翅端黑色宽带中无任何斑纹。雌雄前翅均具黑色斑点 1 个；后翅中部均具黄色斑 1 块。翅

雄蝶背面　　　　　　雄蝶腹面

反面橙黄色，前翅中部有黑色斑点 1 个，中心白点，外部下方有黑斑纹；后翅中部有大小不同白色斑纹 1 ～ 2 个，周缘套橙色圈。

167 黎明豆粉蝶
拉丁名：*Colias hoes* (Herbst)

中型。前翅长 23 ～ 29 毫米。雌雄异色。雄蝶翅面橙红色，前后翅外缘带黑色。雌蝶翅面有橙红、橙黄、浅蓝、浅黄等颜色，顶端部和外缘黑带在 M3 分开，前宽后窄，带内有各种颜色分布，较其他同类大；前翅中室黑斑大；后翅各种颜色斑较大。

雄蝶背面

雄蝶腹面

168 菜粉蝶
拉丁名：*Pieris rapae*（Linnaeus，1758）

翅展约43毫米。体黑色，胸部密被白色及灰黑色长毛。触角黑色，末端膨大。头大，额区有白色长毛。眼睛大，裸露，呈褐色。翅白色，前翅顶角有1个三角形黑斑，中室外侧有2个黑斑，基部和前缘黑色；后翅前缘有1个黑斑，基部灰黑色。雌性斑纹较雄性颜色更深。

背面　　　　　　腹面

169 云粉蝶
拉丁名：*Pontia daplidice* Linnaeus，1758

成虫体背黑色，翅粉白色。雌虫前翅中室有1个黑色方形斑，后缘前有1个圆形黑斑，顶角和后翅外缘有几个黑斑；后翅还有大面积褐色云状斑纹。雄虫前翅后缘前黑斑模糊；后翅无黑斑，只有褐色云状斑纹。

雌蝶背腹面　　　　雄蝶背腹面

170 钩粉蝶
拉丁名：*Gonepteryx rhamni*(Linnaeus，1758)

体中型。前翅长24～29毫米；后翅Rs脉明显粗大，中室端的橙色点较大，大于其他近似种类，外缘红点也大于其他近似种类。雄蝶翅深柠檬色，后翅淡黄色。雌蝶翅面银白色，反面黄白色，中室端斑淡紫色，后翅Cu脉端尖出不明显。

雌蝶背腹面　　　　雄蝶背腹面

（二十三）弄蝶科 Hesperiidae

体小型。体型粗壮，头大，有睫毛。触角端部呈尖钩状，触角基部互相远离；雌雄成虫的前足均正常。飞翔迅速而带跳跃。前翅近三角形，后翅卵圆形。暗黑色或棕褐色，少数种类为黄色或白色。

---

171 基点银弄蝶
拉丁名：*Carterocephalus argyrostigma* (Eversman，1851)

体小型。前翅长10毫米，褐色。斑纹黄色，前翅斑纹较大成块状，基本和底色对分；后翅斑点较稀少，除基部有白点外，中域和亚缘有由 3 ～ 4 块黄斑组成的斑列。反面后翅和前翅顶角色略浅，其他斑纹同正面。

背面　　　　　　　　　　　　　腹面

---

172 花弄蝶
拉丁名：*Pyrgus maculatus* (Bremer & Grey，1853)

翅面暗黑色，点缀白色斑点。翅外缘有 1 个白框，翅脉端黑色。前翅中室端部白斑最大，末端有白线，中室下方有 5 个白斑，顶角区有 1 列白斑，后翅亚外缘有 1 列白斑带，中部 4 个斑点组成带状。翅反面前翅褐色斑纹与正面相似，后翅基半部与外缘灰白色。

背面　　　　　　　　　　　　　腹面

173	袍朱弄蝶
	拉丁名：*Erynnis popoviana* (Nordmann,1851)

翅面黑褐色，两翅外缘有白色长缘毛，有1个黑线框，黑线边缘有1列白斑；前翅亚外缘区有1纵列白斑，组成镰刀形，白斑内侧有1列黑斑与其平行，中室端有1个狭长黑斑；后翅近端部有1列近似"W"形白斑点，中室端有1条白线。翅反面浅褐色，后翅比前翅颜色深，斑点更清晰。两翅斑纹与翅正面相似。

背面 腹面

（二十四）灰蝶科 Lycaenidae

体小型。翅正面以灰、褐、黑等色为主，部分种类两翅表面具有紫、蓝、绿等色的光泽，且两翅正反面的颜色及斑纹截然不同，反面的颜色丰富多彩，斑纹变化多样。触角多数具白环且短；前足退化，但仍能用于步行，雄性前足多为1跗节，1爪，极少分节；雌性前足为2～5跗节。前翅多呈三角形；后翅近卵圆形。

174	彩燕灰蝶
	拉丁名：*Rapala selira* (Moore,1874)

体小型。前翅长13～14毫米，翅面黑褐色。雌蝶前翅平直，中室有1个大斑；后翅有尾突2对，臀角圆形突起，橙红色，翅背有1条近似"W"形线纹。

背面 腹面

175 优秀洒灰蝶
拉丁名：*Satyrium eximium* (Fixsen,1887)

　　小型略大。前翅长 12 ～ 17 毫米，黑色有暗紫色闪光。雌蝶前中室上方有椭圆形性标；后翅臀角圆形突出，内有橙红色斑，斑中有蓝色斑点 1 个，两边有黑斑点各 1 个，都大而强烈；后翅亚缘有较重的"V"形组成的 2 条斑列，斑纹内侧各有黑色弧状纹，中部横线前直后呈"W"形。

背面　　　　　　　　　　　　　　腹面

176 橙灰蝶
拉丁名：*Lycaena dispar*(Haworth，1802)

　　雌雄异型。雄蝶前翅翅面橙色，顶角向边缘有窄的黑带；后翅基部和臀缘有较宽的黑色区。雌蝶前翅翅面橙色，中室内有 2 个黑斑；后翅黑褐色。

雄蝶背面　　　　　　　　　　　　雄蝶腹面

177 红珠灰蝶
拉丁名：*Lycaeides argyrognomon*（Bergstrasser，1779）

　　翅展约 31 毫米。雌雄异型。雄性翅正面为深蓝色，外缘有黑褐色边框。雌性翅正面黑褐色，后翅外缘带有 1 列深红色新月斑。翅反面浅褐色，前翅有 3 纵列黑斑，中室末端有 1 条短黑带；后翅亚外缘有 1 条黑斑带，带中镶嵌深红色新月形斑，中室端有 1 个窄黑斑。

雄蝶背面　　　　　　　　　　　　雄蝶腹面

178 伊眼灰蝶
拉丁名：*Polyommatus icarus*（Rottemburg，1775）

翅展约 28 毫米。雄性翅面均匀浅蓝色，翅外缘有黑色细线框。雌性深褐色，亚缘有 1 纵列橙黄色斑点。后翅黄斑中有时镶嵌黑斑点。翅反面灰白色，前翅 2 列平行黑斑线，中室端有 1 条短黑线，中部有 1 个黑点；后翅前缘有 2 个小黑斑点。

雄蝶背面　　　　　　　　　　雄蝶腹面

179 多眼灰蝶
拉丁名：*Polyommatus eros* Ochsenbeimer,1808

体小型。前翅长 12 ～ 14 毫米。雌雄异色。雄蝶深天蓝色，黑缘无其他斑。雌蝶褐色，亚缘有橘黄色月牙斑列，前中室端有 1 个黑斑。反面灰白色，雌雄前中室域后部有 2 个黑斑，其他各中室端斑显见，中域横列斑规律。

雌蝶背面　　　　　　　　　　雌蝶腹面

180 玄灰蝶
拉丁名：*Tongeia fischeri*（Eversmann，1843）

翅展约 23 毫米。翅面黑褐色。后翅外缘区有 5 个黑色圆斑，圆斑周围白线环区有一短小尾突；翅反面灰色，前、

背面　　　　　　　　腹面

后翅外缘有 1 条细黑线框，中室末端有 1 个黑斑；前翅有 3 条平行黑斑线；后翅有 2 条平行黑线，两线中间有橙黄色新月形斑，中区有 8 个黑斑，亚基区有 3 个黑斑。

二、鞘翅目·Coleoptera

（二十五）天牛科 Cerambycidae

体小至大型。体长 2.4 ～ 175 毫米。体多圆柱形，背部略扁。头部突出，前口式或下口式；触角 11 节，多为丝状或锯齿状，着生在触角基瘤上；前胸背板多具侧刺突或侧瘤突；跗节隐 5 节显 4 节。

| 181 | 锈色粒肩天牛 |
| | 拉丁名：*Apriona swainsoni* （Hope,1840） |

体长 28 ～ 39 毫米。黑褐色，全身密被锈色短绒毛，鞘翅及体腹具众多白斑；鞘翅基部 1/4 处具褐色光滑小颗粒。雌虫触角较体稍短，雄虫触角较体略长。

| 182 | 青杨天牛 |
| | 拉丁名：*Saperda populnea* （Linnaeus，1758） |

体长 9 ～ 13 毫米。体黑色，密被淡黄色绒毛，混有黑灰色，长竖毛；触角基部内侧至头顶，并延伸前胸背板的黄色或金黄色纵条纹；每个鞘翅有 4 或 5 个黄色绒毛斑，雄虫不明显；触角自第 3 节起各节大部分被灰白色绒毛，端部黑色。

183 双条杉天牛
拉丁名：*Semanotus bifasciatus* (Motschulsky,1875)

体长 9 ～ 15 毫米。体黑褐色；前胸背板两侧弧形，被淡黄色长毛，具 5 个光滑的小瘤突，前 2 个圆形，后 3 个尖叶形；鞘翅上具 2 条棕黄色带，前带基部驼色，后带较窄，不长于前面的黑带。

184 多带天牛
拉丁名：*Polyzonus fasciatus* (Fabricius,1781)

又名黄带蓝天牛。体长 15 ～ 18 毫米。体色和斑纹有变化，体蓝黑色、深绿色、蓝绿色等，鞘翅中央具 2 条黄色横带，宽度有变化（或中间的黑带缩小，仅在鞘缝处可见黑斑）。

185 多脊草天牛
拉丁名：*Eodorcadion* (Eodorcadion)multicarinatum(Breuning，1943)

体长 14.5 ～ 18 毫米，体宽 5.8 ～ 8 毫米。体红褐色或近黑色，雄虫触角长于体，雌虫触角伸达鞘翅端部 1/4 处。触角端疤明显，触角节具白色毛环；前胸侧刺突尖而狭，前胸背板中线具粗糙刻点，具光滑的瘤突，具 1 对中区绒毛纵带；鞘翅刻点粗，纵脊显著，覆盖稀疏的灰白色绒毛，鞘翅脊线差不多同等发达，在鞘缝与肩部的白色条带之间约有 9 条脊，鞘缝附近没有脊，密被灰色毛。

186 黄角草天牛
拉丁名：*Eodorcadion(Ornatodorcadion) jakovlevi* (Suvorov,1912)

体黑色或红色。足和触角红色，触角的白色毛环不明显。雄虫触角长于体长，雌虫触角与体等长或稍短。前胸侧刺突显著，前胸背板中央具 2 条紧密排列的白色绒毛纵纹；小盾片卵形，密布白色绒毛，具较宽的光滑中线；鞘翅黑色，光滑且闪光，每鞘翅具 4 条白色纵带纹。

187 小灰长角天牛
拉丁名：*Acanthocinus griseus* (Fabricius，1792)

雄虫体长 7 ~ 12 毫米。体长形，较窄，略扁平，黑褐至棕褐色。触角各节基部、腿节基部棕红色，头被灰色短毛，颊有灰黄色绒毛带；前胸背板被灰色绒毛，前端 4 个污黄色圆形毛斑排成一行；小盾片中部被淡色绒毛；鞘翅的灰色绒毛形 1 条宽横带，每翅有 2 个黑褐色黄斑，在 2 个明显灰斑间有分散的灰色绒毛，中部灰色斑内有黑色小点；头中央有 1 条细纵沟，具细密刻点。雄、雌虫触角长分别为体长的 2.5 倍和 2 倍。前胸背板侧缘中部后有 1 个圆锥形隆突。

188 杨红颈天牛
拉丁名：*Aromia moschata orientalis* Plavilstshikov,1932

体长 23 ~ 34 毫米。体深绿色。前胸背板赤黄色，有光泽，触角及足蓝黑色；头部蓝黑色，腹面有许多横皱纹，两眼深凹，触角两侧各有一叶状突起，前胸有 2 个瘤突，侧刺突明显。雄虫触角比体长，雌虫触角与体长约相等。小盾片黑色，光滑，略向下凹，鞘翅密布刻点和皱纹，各翅有 2 条纵隆线，在近翅端处消失。

189 红缘天牛
拉丁名：*Asias halodendri*（Pallas，1776）

体长 9 ～ 17 毫米。体窄长，黑色。鞘翅基部有 1 对朱红色斑，外缘从前至后有 1 朱红色窄条；头被灰白色细直立毛，前部毛色深而浓密；触角细长，雌虫约与体长相等，雄虫约为体长 2 倍；前胸两侧缘刺突短钝，背面刻点排列呈网纹状，被灰白色细长直立毛；小盾片似等边三角形；鞘翅窄长而扁，两侧缘平行，翅面被黑色短毛，基部斑点上有灰白色的长毛。

190 松厚花天牛
拉丁名：*Pachyta lamed*（Linnaeus,1758）

体长 10.5 ～ 20 毫米。雌虫较雄虫略小。体黑色，雌虫鞘翅黄褐色，雄虫赭红色。每翅中部前后有 2 个大黑斑；头部中纵沟细短，前半部有三角形凹陷，唇基上斜，具刻点；头顶凹陷，中沟细而明显，密布刻点；触角长伸达前翅中部；前胸背板宽，密布粗刻点；前后端横沟宽深，中纵沟宽，侧缘刺突粗，顶端尖，两侧密生灰白直立毛，后侧角钝；小盾片舌状，光滑；鞘翅肩部宽，两侧平行，后端稍窄，雄虫显著收狭，雌虫端缘平切，雄虫斜截，肩角突起。

191 光肩星天牛
拉丁名：*Anoplophora glabripennis*（Motschulsky,1853）

体长 17.5 ～ 38 毫米。体色漆黑，具金属光泽。鞘翅基部光滑，翅面刻点较密，有微细皱纹，无直立毛，肩部刻点较粗大，鞘翅面白色毛斑大小及排列不规则，且有时较不清楚；前胸背板无毛斑，中瘤不显突，侧刺突较尖锐，不弯曲；中胸腹面瘤突较粗，不发达；足及腹面黑色，常密生蓝白色绒毛。

192 松幽天牛
拉丁名：*Asemum amurense* Kraatz，1879

　　体长 11 ～ 20 毫米。体黑褐色，密生灰白色绒毛。
腹面有强光泽；复眼内缘微凹，触角之间有 1 条明显纵沟，
头部刻点密；触角 11 节，仅达体长之半；前胸背板宽大
于长，侧缘弧形，中部向外略呈圆形突出，胸面中央少
许凹陷；小盾片宽三角形，端角；鞘翅两侧平行，端缘
圆形，翅面上有纵脊，前缘具横皱。

193 褐幽天牛
拉丁名：*Arhopalus rusticus*（Linnaeus,1758）

　　体长 10 ～ 27 毫米。体较扁，褐色或红褐色。雌虫
体色较黑，密被短灰黄色绒毛；头中央有 1 条纵沟；前
胸中央有 1 条光滑而稍凹的纵纹，两侧各有 1 个肾形长
凹陷；小盾片大，舌形；鞘翅薄，两侧平行，后缘圆，
各翅具有 2 条平行的纵隆线。

194 家茸天牛
拉丁名：*Trichoferus campestris*（Faldermann,1835）

　　体长 9 ～ 22 毫米。扁平，棕褐色至黑褐色，密被
褐灰色茸毛。小盾片和肩部密生淡黄色毛；头较短；
触角基瘤微突，雄虫触角长达鞘翅末端，雌虫稍短，
第 3 节和柄节约等长；前胸背板宽大于长，前端略宽
于后端，两侧缘弧形，无侧刺突；鞘翅两侧近平行，
后端稍窄，缘角弧形，缝角垂直，翅面布中等刻点，
端部刻点较细。

（二十六）芫菁科 Meloidae

体中型，筒形，体壁柔软，革质。体色幽暗，或鲜艳具强烈金属光泽。头向下伸，与身体几乎垂直，具有很细的颈。触角 11 节，丝状、念珠状、锯齿状或带齿状。跗节 5 ～ 5 ～ 4，爪纵裂为 2 片。

---

195 | 中国豆芫菁
拉丁名：*Epicauta chinensis* Laporte,1833

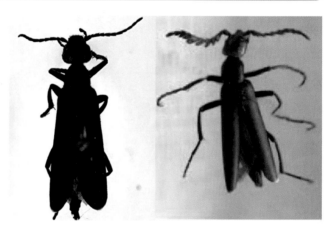

体长 14 ～ 25 毫米。体黑色，被黑色细短毛。头部除后方两侧红色及额中央有 1 块红斑外，大部分黑色；前胸背板中央有 1 条白短毛纵纹，鞘翅侧缘、端缘和中缝均有白毛，中缝的白边狭于侧缘白边，腹面胸部和腹部两侧被白毛；各腹节后缘有 1 圈白毛；头部刻点密，触角的基部内侧有 1 对黑色光亮的圆扁瘤。雄虫触角 3 ～ 9 节呈栉齿状，雌虫触角丝状。前胸两侧平行，自端部约 1/3 处向前收狭。雄虫前足第 1 跗节基半部细，内侧凹入，端部膨阔。

---

196 | 红斑芫菁
拉丁名：*Mylabris speciosa* Pallas,1781

体长 15 ～ 18 毫米。头、胸、腹部蓝黑色，有弱光泽，密生长毛。足和触角黑色，触角丝状；鞘翅中部横贯淡黄或红黄，前端及后部为鲜红色，与横贯 3 行黑斑相间，最后 1 个黑斑位于翅端部。

197 圆点斑芫菁
拉丁名：*Mylabris aulica* Ménétriés, 1832

体长 9.5 毫米，体黑色，被黑色毛。头密布刻点；触角 11 节，短棒状；鞘翅红褐色，斑纹黑色；基部 1/4 处具 1 对圆斑，中部具短波状带，端部具 2 个圆斑。

198 暗头豆芫菁
拉丁名：*Epicauta obscurocephala* Reitter, 1905

体长 11.5～17 毫米。体黑色。头部额中央有 1 条红色纵纹，额至头顶的中央有 1 条白色毛纵纹；前胸背板中央和鞘翅中央各有 1 条白毛纵纹，背板两侧，鞘翅侧缘、端缘和中缝，体腹面和足均密被白毛；触角丝状，第 1 节的一侧红色；前胸长稍大于宽，两侧平行，前端收狭；鞘翅基端约等宽。雄虫后胸腹面中央有 1 个椭圆形光滑无毛的凹陷，各腹节腹板中部也稍凹，光滑无毛，雌虫无上述特征，体腹面全被毛。

（二十七）郭公甲科 Cleridae

小型至中型，色泽各异，大部分种类身体满布微细短毛。触角 8 ~ 11 节，多为短棍棒状。前胸背板近方形。前足基节圆锥形，接触或稍分离，中足基节圆锥形，后足基节横形。跗节 5 ~ 5 ~ 5。腹部可见腹板 5 ~ 6 节。

199 普通郭公虫
拉丁名：*Clerus dealbatus* (Kraatz,1879)

体长 7 ~ 10 毫米。体及足黑色，触角线状，黑色，末端红褐色，鞘翅基部 1/3 为红色，余 2/3 为黑色，基部 1/3 处及端部 1/3 处各具 1 条白毛带，其中基部 1/3 的白毛带中部略呈 "V" 字形。

200 光劫郭公甲
拉丁名：*Thanasimus substriatus* (Gebler,1832)

曾用名：赤胸白带郭公甲（高兆宁，1993）。

前胸背板前横沟前为黑色，前横沟后为红色；鞘翅基部红色，几乎无清晰刻点，端部黑色，亚基部和亚端部之间各具 1 条白色伏毛形成的横纹，第 1 条白纹在翅缝处往前延伸，形成 "X" 形；黑色体色越过第 1 条白纹 "X" 形后臂，前缘平直，不呈波纹状。

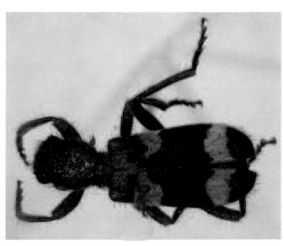

201 赤足尸郭公甲
拉丁名：*Necrobia rufipes* (DeGeer,1775)

体长 3.5 ～ 6.5 毫米。全体深蓝色，密被黑色短毛。触角基部 3 ～ 5 节红褐色，余节暗褐色，足赤色。

202 中华毛郭公甲
拉丁名：*Trichodes sinae* Chevrolat,1874

体长 10 ～ 18 毫米。全体深蓝色，密布长毛。头部下倾，触角丝状，末端数节粗大如棍棒状，达前胸中部；鞘翅上横带红色至黄色，前胸背板前较后宽，后缘收缩似颈，窄于鞘翅；鞘翅狭长，红色，基部 1/3、端部 1/3 和翅端具黑色横纹。

（二十八）虎甲科 Cicindelidae

体狭长，中等大小；身体常具金属光泽，头大，复眼突出；唇基较触角基部宽；触角丝状，11 节；鞘翅长，盖于整个腹部；腹部雌虫可见 6 节，雄虫 7 节，前足第 1～3 跗节具毛，可区别于雄虫。

203 斜斑虎甲
拉丁名：*Cylindera obliquefasciata* (Adams, 1817)

体长形，体长 10～11 毫米。体墨绿色。上唇乳白色至淡黄色，前缘微波状，中间具尖齿。前胸背板矩形，明显窄于头部。鞘翅狭长，末端圆滑，具 4 对白色斑；肩斑及基部 1/4 中间的 1 对圆斑较小；中部具由外向内侧斜的条斑，前宽后窄；翅端弯钩状斑较宽，向后呈条状。

204 黄唇虎甲
拉丁名：*Cephalota chiloleuca* (Fischer von Waldheim, 1820)

体长约 8 毫米。体墨绿色，具铜红色及铜绿色光泽。上唇及上颚基部 2/3 黄白色；前胸背板近方形，表面被白色毛；鞘翅近长方形，末端变窄，圆滑，外缘及后缘被乳白色带覆盖，乳白色带自基部 1/4 处伸出 1 块斑，末端膨大，自中部伸出 1 宽带，宽带末端向下延伸呈钩状，翅面刻点在白带处呈白色，在无白带处呈蓝绿色。

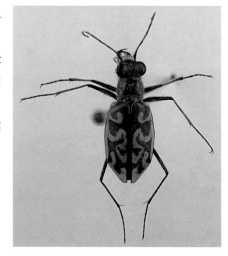

月斑虎甲
拉丁名：*Cicindela lunulata* Fabricius, 1781

体长形，体长 12 ～ 16 毫米。体黑蓝色，头、胸部具铜色金属光泽。上唇和上颚基部外侧乳白色，上唇前缘中部有 1 尖齿；前胸背板近方形，背面具"工"字形凹，前胸两侧被白色半竖长毛；鞘翅近长方形，末端圆滑，密被细小刻点，每翅表面的前、中、端处乳白色斑粗大明显，前、端斑呈"C"形，中部具 2 对圆形斑点，靠前 1 对与侧面白斑相连。

206 **云纹虎甲**
拉丁名：*Cylindera elisae* Motschulsky, 1859

体长 8 ～ 12 毫米。体深绿色，具铜红色光泽。前胸背板两侧、胸部侧板及腹部两侧密被白色长粗毛；每一鞘翅具 3 条乳白色或淡黄色细斑纹，3 条细斑纹之间在翅的侧缘以 1 条纵纹相连接。

鞘翅目 · Coleoptera

（二十九）步甲科 Carabidae

色泽幽暗，多为黑色、褐色，常带金属光泽，少数色鲜艳，有黄色花斑；体表光洁或被疏毛，有不同形状的微细刻纹。触角11节，腹部基部3节愈合。跗节5节。

| 207 | 黄缘青步甲
拉丁名： *Chlaenius spoliatus* Rossi,1792 |

体长13.5~16毫米。体深绿色，具铜绿色光泽。触角、上唇、口须、鞘翅侧缘、腹侧缘及足均为黄色至黄褐色；体腹面黑色。头具细刻点。前胸背板宽大于长，侧缘最宽处在中部稍前方；后缘平直，后角近于直角；盘区具细刻点和细横纹，中纵沟深细，不达前后缘，两侧基凹深长。每个鞘翅有条沟9条，有小盾片刻点行；行距隆起并具微细刻点；翅缘黄色部接近第7条沟。雄虫前足跗节基部3节扩大。

| 208 | 铜绿婪步甲
拉丁名： *Harpalus chalcentus* Bates ,1873 |

体长11.5～14.5毫米。体背、腹面黑色，有铜绿光泽。触角3～6节棕褐色；头部光洁，几乎无刻点；唇基常有纵皱；触角仅达鞘翅肩角，基部2节无毛；前胸背板宽大于长，侧缘前部微拱出，最宽处在中部，缘毛在中点之前，两侧缘及背板基部被刻点，在基凹中及后角处极密，沿中沟有1行稀疏刻点；鞘翅自肩后微膨，基沟较平直，肩角有小齿，除小盾片行外有9条沟纹，在第2条沟后部有1个毛穴；前足胫节外端有5根刺，后足跗节后有6～8根缘毛。

209　赤胸长步甲
拉丁名：*Dolichus halensis*(Schaller,1783)

体长约 18 毫米。体长形。头部黑色；触角达鞘翅基部红褐色，基部 3～4 节淡黄色；前胸背板近方形，黑色具褐色边，有时背板前部红褐色，中部略拱，侧缘后部翘起；鞘翅狭长，末端渐窄，每翅具 9 条刻点列，翅色均黑色，或在翅基中部具棕红色斑，两翅色斑合起呈舌状。

210　广胸婪步甲
拉丁名：*Harpalus amplicollis* Ménétriés,1848

体长 8～8.5 毫米。体黑色。触角、口须及足棕黄色，前胸背板后角及鞘翅端缘棕黄色；头光滑；触角长度不及前胸背板基部；前胸背板近梯形，侧缘微拱，近中部具一毛穴，前缘浅凹，基部稍前拱起，前角宽圆，后角近于直角，盘区光滑。鞘翅基部与前胸背板近等宽，中部两侧近平行，两翅于末端相合成圆形，鞘翅基沟平直，外部向前且具小肩齿突，行间平坦，行间无毛穴。

211　谷婪步甲
拉丁名：*Harpalus calceatus*（Duftschmid，1812）

体长 10.5～14.5 毫米。体黑色。口器棕褐或棕红，触角、足及腹面棕黄至棕红；头部光洁无刻点，眉毛 1 根；触角长度达及前胸背板基缘；前胸背板近方形，前后缘较平，侧缘稍膨出，中前部有 1 毛穴；前后横沟很浅，中纵沟深，基凹浅，基缘平直，后角钝角；鞘翅基部较前胸稍宽，两侧近于平行，基沟较平直，端角齿钝，条沟深，沟底无刻点，行距稍隆，第 7 行距末端有毛穴，第 8、第 9 行距上有微浅刻点；足跗节背面有毛，负爪节腹面具 2 列粗刺，前胫节外端刺有 5 个。

212 肖毛娄步甲
拉丁名：*Harpalus* (Pseudoophonus) *jureceki* Jedlicka,1928

　　唇基 2 根原生毛和 1 ～ 6 根次生毛，复眼后区纤毛不明显；前胸背板后角圆钝，侧缘无次生缘毛，盘区光滑或具稀疏弱刻点；鞘翅完全被微毛。

213 单齿蝼步甲
拉丁名：*Scarites terricola* Bonelli,1813

　　体长 17 ～ 22 毫米。体黑色，具光泽。头近方形；触角短，前胸背板六边形，宽大于长，前部最宽，基部较狭，侧缘近平行；鞘翅长形，基沟外端肩齿突出，两侧近平行，每侧各具 7 条纵沟，纵沟细，沟间平坦；足胫节宽扁，前足挖掘式，前端具 2 个指状突，中足胫节端部具 1 长齿突。

214 考氏肉步甲
拉丁名：*Broscus kozlovi* Kryzhanovskij,1995

　　体长 17 ～ 20 毫米。体黑色，光亮，腹部腹面略呈红褐色。头部被细皱纹，触角向后达到前胸后缘；前胸背板近心形，两侧中部之前略平行，中部之后收狭，前缘略凹，后缘后突，背面布横皱纹，饰边完整，中纵线明显，前后角各有 1 根长毛；鞘翅长卵形，饰边完整，背面具 9 条刻点行，行间微隆，每侧缘有 6 根长毛；前足胫节凹截，具刺 1 枚，内缘具毛刷。

215　麻步甲
拉丁名：*Carabus brandti* Faldermann，1835

　　体长 16 ～ 24.5 毫米。体黑色。头部密布细刻点；前胸背板最宽处在中部之前，盘区密具刻点，后缘有 1 列黄色长毛，覆盖小盾片；前缘弧凹，侧缘弧形，缘边上翘，后缘中部直而两端后弯，后角钝圆略向后突，基凹深圆；鞘翅卵圆形，基缘无脊边，翅面密布大小瘤突，瘤突表面及无粒突之处均密布微细刻点。雄虫前跗节基部 3 节扩大，腹面黏毛棕黄色。

216　金星广肩步甲
拉丁名：*Calosoma chinense* Kirby，1818

　　体长 25 ～ 33 毫米。体背面铜色，有时黑色，鞘翅星点闪金光或金绿光泽，腹面及足近黑色。头及前胸背板密被细刻点；触角长度达体长之半；前胸背板宽长之比约 3：2，侧缘近弧形，中部以后较为平直，中部之前最宽，中部之前及后角之前各有侧缘毛 1 根，后角端部叶状，向后稍突出，侧缘在基部明显上翘，基凹较长，约占基部 1/3；鞘翅近长方形，两侧近于平行，星行 3 行，行间具分散的小粒突；中、后足胫节弯曲，雄虫更明显，雄虫前足跗节基部 3 节膨大。

217　皱翅伪葬步甲
拉丁名：*Pseudotaphoxenus rugipennis* (Faldermann，1836)

　　雄成虫约翅展 32 毫米。触角羽毛状。胸部密被紫褐色和黄色长毛。腹部黄色，散布褐色和黑色斑点。前翅黄色，翅面散布紫灰色小点，内横线紫褐色，翅基部和前缘部小点较密集，翅室端有 1 个紫褐色斑，外横线与亚外缘线呈 1 条较宽的横线，此线在翅室端外方向外弯曲。缘毛淡黄色，与翅脉相应的缘毛为紫褐色，形成 6 个小斑。后翅淡黄色，散布淡紫色小点，外横线和室端黑斑均小细而淡。

　　雌成虫体长约 12 毫米，全体淡黄褐色布有黑色花斑，翅退化仅留有小毛丛的痕迹。触角丝状，淡黄色。

（三十）葬甲科 Silphidae

体小至大型，体长 7 ～ 45 毫米，卵形至长形，扁平；体背通常光滑。触角 11 节，一般末端 3 节膨大，呈棒状，有时呈膝状，柄节长。前胸背板具完整侧边。鞘翅端部常平截，露出腹部 1 ～ 5 节，有时鞘翅完全遮盖住腹部。前足基节横形突起，相互靠近；中足基节一般相互远离，极少靠近；跗式 5 ～ 5 ～ 5。

218 日本覆葬甲
拉丁名：*Nicrophorus japonicus* Harold,1877

曾用名：日本葬甲（祝长清等，1999；任国栋，2010）、大红斑葬甲（王新谱等，2010；杨贵军等，2011）。

体长 17 ～ 28.5 毫米。头部从背面观呈"凸"字形，两复眼内侧形成深的"U"形沟，上唇内凹，唇基横宽。触角端部膨大呈球状，末端 3 节为橘黄色；后头长为头长的 1/3，前胸略呈方形，周缘饰边完整，前后角圆弧形；盘区中部有"十"字形沟，此沟与侧缘的内侧斜沟相连，基部波形凹陷宽，凹陷内刻点粗大；小盾片舌形；鞘翅未全覆盖腹部，暴露腹末 3 节，翅面基部、中部及后端中央有不规则黑带，其余部分暗红色。

219 双斑冥葬甲
拉丁名：*Ptomascopus plagiatus* (Ménétriés,1854)

曾用名：双斑葬甲（高兆宁，1993；任国栋，2010）、双斑截葬甲（杨贵军等，2011）。

体长 12.5 ～ 20 毫米。体瘦长、梭形。额侧沟通常较短；前胸背板前缘和侧缘靠前处具较密灰黄色至污黄色短或稍长伏毛；鞘翅基部具 1 条橘红色色带，常较大，

呈圆角矩形，范围达鞘翅中部，有时较小，呈窄小并倾斜的小斑；后胸腹板密布灰黄色至棕黄色较长刚毛，体下其余部位包括足通常密布同色或稍暗色刚毛，有时腹部尤其腹末 2 节被毛稀疏；中胫节直或微弯，后胫节直。

220 皱鞘蜟葬甲
拉丁名：*Oiceoptoma thoracicum* (Linnaeus,1758)

曾用名：赤胸扁葬甲（高兆宁，1993）。

体长 13.4～15.6 毫米。体宽扁。前胸背板橘红色，头、触角、足、体下均黑色，鞘翅深褐色至黑色，稀见浅褐色；头额区和后头被橙色长刚毛；触角端锤部分由 4 节组成；前胸背板中等宽，被橙色长毛，毛的不同走向使盘区形成斑驳，盘区微隆，颜色较周缘暗，中间有对称的、纵向的微弱起伏，高处颜色近黑色并略具光泽；翅上遍布粗糙褶皱，边缘上的横皱尤为强烈和细碎，盘区的褶皱较平缓，无明显走向，刻点中等大小，侧缘展边宽度中等；鞘翅末端弧圆，雌性顶端略延长。

221 黑覆葬甲
拉丁名：*Nicrophorus concolor* Kraatz,1877

曾用名：大黑葬甲（高兆宁，1993；仜国栋，2010；任国栋等，2013）、黑负葬甲（杨贵军等，2011）。

体长 24～40 毫米。亮黑色，个大而厚实。额区无红斑；触角锤部分基节黑色，末端 3 节橘黄色；前胸背板光裸，近圆形，显隆，盘区中央无纵沟，横沟不明显，仅两侧有痕迹，盘区圆隆，呈锅底状；鞘翅盘区光裸，披弱光泽，肩部偶具微小红斑，缘折脊长过小盾片中部，几达鞘翅肩部。后胸腹板和后胸后侧片均光裸。后足关节具一小齿突，后胫节明显弯曲，后胫节外缘端部明显延长成一尖突，尖突顶端无小刺丛。

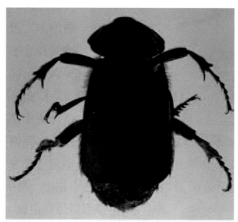

（三十一）拟步甲科 Tenebrionidae

小至大型，体扁平，多为黑色或暗棕色。头部较小，与前胸密接。口器发达，上颚大型。触角11节，多为丝状、棒状或念珠状。前胸背板发达，一般呈横长方形，侧缘明显。后翅多退化，不能飞翔。跗节式 5～5～4。腹板可见5节。

222 泥脊漠甲
拉丁名：*Pterocoma vittata* Frivaldszky，1889

体长 8～13.5 毫米。黑色。头顶在前额上方有横毛带；前胸背板横宽，侧缘非常圆，前缘很直，前角十分弯曲，背面有粗颗粒，侧缘无短毛；前胸背板前、后缘各有1条毛带；前胸腹突粗大，近于水平状达到中足基节前缘；鞘翅短卵形，肩圆并明显弯曲，盘有3条明显背脊，两侧有明显的齿突，翅缝略凸起，行间有小颗粒，在第1前侧脊两边的基结脊成行和低矮；足短，被有黄白色毛，后足跗节、胫节被稀疏褐色长毛，前、中足有短毛；胸部被细倒伏黄毛；腹部第2节有不明显粒点。

223 光背漠甲
拉丁名：*Sternoplax sp*

成虫体长 14～16 毫米，宽 8.5～6.5 毫米，全体黑色。鞘翅面光滑，前胸背中线及其两侧角区、体腹面生有白色微毛和粉粒，使这些部位呈现灰白；头前宽平，生有黑色微刺；复眼圆形，深褐色；触角黑色，上生有数根刚毛；鞘翅面平滑发光；各足黑色，腿、胫节密生黑刺毛，跗节及胫节端后侧毛显长，刺毛间常黏附白色粉粒，前足较短，后足最长。

224 圆胸小鳖甲
拉丁名：*Microdera* (Dordanea) *rotundithorax* Ren，1999

体长 8～10 毫米。亮黑色。前胸背板圆盘状，中部最宽，盘区高隆，向侧边较陡地降落，有卵形深刻点，前缘中部较稀小，前缘近于直角，两侧饰边明显，中央宽段，侧缘圆弧形弯曲，饰边粗厚，基部圆弧形；鞘翅长卵形，中部最宽，盘区非常隆起，散布长圆形浅刻点，基部无饰边和脊突；前胸侧板外半部较光滑，有模糊纵皱纹，中部有粗长皱纹，中胸腹突起，部分中央浅凹。

225 小丽东鳖甲
拉丁名：*Anatolica amoenula* Reitter，1889

体长 11～12 毫米。体长卵形，黑色，光亮。唇基前缘直，前颊和唇基间有圆弧形浅凹刻，上颚基部不完全露出，头顶平坦，具细刻点；触角长达前胸背板基部，端节尖卵形；前胸背板似心形，宽为长的 1.3 倍，前缘浅凹入，中部近直，前角轻微下垂，近直角，侧缘弧形，近基部直，基部宽弧形后突，后角圆直角形，盘区刻点浅细；前胸腹突向后平伸；鞘翅长卵形，长为宽的 1.4 倍，基部无饰边，肩角发达，钝齿状前伸，翅背隆起，至翅尾急剧下降，盘区刻点浅细，稀疏；腹部肛节侧缘中部具缺刻。

226 尖尾东鳖甲
拉丁名：*Anatolica mucronata* Reitter，1889

体长 12.5～16 毫米。体长卵形，黑色，光亮。唇基前缘直，前颊和唇基间有圆弧形浅凹刻，上颚基部不完全露，头顶平坦，具细刻点；触角长达前胸背板基部，第 3～7 节圆柱状，端部 4 节近三角形，前侧呈锯齿状；前胸背板宽为长的 1.4 倍，前缘浅凹入，中部近直，前角突出，近直角，侧缘端部弱弧形，近基部直；基部中间近直，两侧略前凹，后角钝角，盘区具细刻点；前胸腹突向后水平角状延伸；鞘翅长卵形，长为宽的 1.6 倍；基部饰边不完整，肩角锐，前伸，翅面具细刻点，翅尾略分开；腹部肛节侧缘中部具缺刻，雄性阳茎细长且厚，端部铲状。

227　长尾琵甲
拉丁名：*Blaps(Blaps)varicosa* Seidlitz，1893

　　体长 23 ～ 28 毫米。体扁长，黑色，具弱光泽。头顶扁平，额脊隆起，圆刻点均匀而稠密；触角向后伸达前胸背板基部；前胸背板近方形，前缘微凹，无饰边，侧缘中部之前最宽；小盾片三角形，有稠密柔毛；鞘翅细长，侧缘近平行，中基部最宽，背观不见饰边全长，盘区扁平，粗皮革状，具磨损浅刻点和不明显颗粒，翅缝具刻点行痕迹，翅尾长，两侧平线行，具中缝沟及横皱纹，侧观端部弯曲，雌性粗短且岔开；第 1 腹板具粗大横皱纹。

228　洛氏脊漠甲
拉丁名：*Pterocoma* (Mesopterocoma) *loczyi* Frivaldszky,1889

　　体长 9.5 ～ 15.5 毫米。短卵圆形，黑色，暗淡。背面被暗色粉末，腹面被灰色绒毛和褐色长毛；头顶平坦，触角丝状；前胸背板前缘中央具缺刻，前角明显前伸，侧缘弱圆，侧面观具明显刻纹；鞘翅短卵圆形，横截面近梯形；肩圆直角形，边脊在中部以后连续，先由 2 行粒点组成，再变为单行锯状齿，第 2、第 3 侧脊近消失，仅可见不清楚的痕迹；第 1 侧脊凸起，由不规则粗粒构成，中部之后近消失，第 1 侧脊两侧间的基结节脊明显，行间略隆起或扁平，具不太密的小颗粒及刻点；前胫节扁平，向端部变宽，外缘具不规则齿状棱。

229　绥远刺甲
拉丁名：*Platyscelis suiyuana* Kaszab，1940

　　体长 11 ～ 15 毫米。黑色，具弱光泽。头横阔，刻点很粗密；前胸背板横阔，基部最宽，向前逐渐收缩；鞘翅基部几乎等宽于前胸背板基部，中部最宽，饰边较粗，由背面全部可见，整个翅面有很粗密的刻点，端部夹杂细密皱纹；腹部光裸。

230　弯齿琵甲
拉丁名：*Blaps femoralis* (Fischer von Waldheim,1844)

体长 16.5 ～ 22.5 毫米。体粗壮，宽卵形，黑色，具弱光泽。头顶具稠密浅刻点；触角粗短，达前胸背板中部；前胸背板近方形；鞘翅宽卵形，侧缘饰边完整，由背面看不到全长，盘圆拱，端部 1/4 降落，密布扁平横皱纹，端部夹杂小颗粒，翅尾短，雌性近无。

231　疣翅沙潜
拉丁名：*Monatrum sp*

体长 13 毫米。椭圆形，黑色无光泽，体表密布疣状刺突，并常覆薄层泥土。头部横宽，背面布有微粒突起，前缘中央有一弧形深凹，头顶稍鼓起，近前缘有一横隆起，头后缩入前胸；复眼在头之两侧凹入处；触角 11 节，黑褐色；前胸背板横宽，密布微粒刺突，近侧缘处则稀而细小，背中央隆起，两侧呈扁叶状延伸，侧缘锐，弧形突出，略向上卷；鞘翅前缘截直，翅肩显著，两侧稍向外弯，缘折向下，背中隆起，后端下弯，翅面有宽窄相间的疣刺纵列 9 行，各行间有 1 列稀而小的粒状突起；足黑色，密布微粒。

232　瘤翅伪坚土甲
拉丁名：*Scleropatrum tuberculatum* Reitter1887

曾用名：疣翅沙潜（高兆宁，1993）

体长 10.5 ～ 13 毫米。黑褐色，无光泽。前胸背板横宽，前缘深凹并圆弯；鞘翅肩圆钝或呈直角，两侧向中部渐变宽，中间最宽，侧缘具毛齿突，背面具 9 条脊，各脊为单行独立的锥形光亮颗粒；中、后胸腹板被均匀大颗粒，腹部密布扁粒点和短毛，末节几乎无粒点，雄性基部有凹迹；前胫节背面具纵皱纹，外缘有弱齿，无明显外端齿；后足末跗节明显长于第 1 跗节。

233 类沙土甲
拉丁名：*Opatrum subaratum* Faldermann, 1835

又名网目拟地甲。体长 6.5 ～ 9 毫米。体锈褐色至黑色。唇基前缘中央稍内凹；前胸背板前角钝圆，后角直角；鞘翅具明显的行列，略隆起，行间具 5 ～ 8 个明显的瘤突；后翅退化，不能飞行。

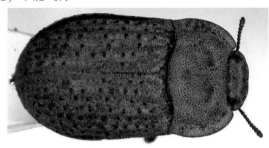

（三十二）铁甲科 Hispidae

头插入胸腔内，口器为下口式或后口式，仅腹面可见，有时部分或大部分隐藏于胸腔内。爪半开式或全开式。具刺的种类，前胸和鞘翅均有刺，触角上有刺或无刺。前胸上的刺着生于背板的前缘和侧缘。鞘翅上的刺着生在第2、第4、第6、第8行距上，排列有一定的顺序。前胸刺的数目、鞘翅的刺序以及触角刺的有无，是属种分类的重要依据。幼虫体形扁平，有的尾端有一对尾叉。

234 齿鞘钝爪铁甲
拉丁名：*Acmenychus inermis* Zoubkoff

体长 4.5 ～ 6.5 毫米，宽 1.5 毫米。体长方形，黑色。鞘翅略带光泽；触角较粗短，密被黄色短毛；前胸宽大于长，前端狭，两侧弧形，盘区具细密褶皱和淡色卧毛。

（三十三）金龟科 Scarabaeidae

体小至大型，体长 15 ～ 22.5 毫米。体形多变，体卵圆形或圆柱形，多光亮。触角大多 10 节，极少数 8 节或 9 节，端部片状。翅扁平或隆突。腹部可见 5 ～ 7 个腹板。

235 车粪蜣螂
拉丁名：*Copris ochus* (Motschulsky, 1860)

体长 21 ～ 26 毫米。体黑色，光亮。雌雄异型。头部近扇形；唇基前缘中部具凹刻，额前部：雄性有 1 根向后弧弯的发达角突，雌虫无角突，具一粗短横脊状隆起，其两端光滑瘤状；触角 9 节，端部 3 节鳃片状；前胸背板隆突，雄性前端中部呈斜坡状，端部具 1 对向前上方斜伸的角突，斜坡两侧有不整凹坑，凹坑侧前方各有 1 枚尖齿突；雌虫简单，前端 1/4 处具 1 横脊；翅宽扁，每翅具 8 条纵线，纵线间具细皱纹；足粗壮，前足胫节外缘具 3 枚齿，后足胫节外缘锯齿状，端部 1/3 及末端齿较发达。

236 台风蜣螂
拉丁名：*Scarabaeus typhon* (Fischer)

体长 25 ～ 30 毫米。体黑色，宽圆形。头部宽扁，前端具 6 枚大齿；触角 9 节，端部 3 节鳃片状；前胸背板横阔，侧缘及后缘锯齿状，盘区隆突，中纵带光滑，两侧散布粒突；鞘翅宽扁，缘折发达，每翅具 6 条模糊纵线，纵线间光滑，散布粒突；足粗壮，前足胫节外缘具 4 枚齿。

237 亮蜣螂
拉丁名：*Copis lunaris* (Linnaeus)

成虫黑色，稍有光泽。前胸背板及鞘翅布满凸凹斑；前足胫节外侧具 3 个短钝齿，后胸足胫节内外侧有钝齿突。

238 墨侧裸蜣螂
拉丁名：*Gymnopleurus mopsus mopsus* (Pallas,1781）

体长 11 ～ 15.5 毫米。体扁拱，黑色。头扇面形；前胸背板侧缘扩出，前段 5 ～ 8 小齿，基部无饰边，前角尖伸，后角钝；鞘翅狭长，有 8 条刻点沟，行间匀布光滑小瘤突，侧缘在肩凸之后强烈内弯；腹部侧方纵脊状，第 1 腹板纵脊不完整，基半部 1/3 圆弧形，之后为纵脊，与腹侧纵脊贯连；前足跗节琵琶形，前端 1/4 处有一斜齿突，前节外缘基半部具 3 个粗齿，基部锯齿形，端距雌圆细雄扁粗，中胫节 1 枚大端距，后胫节细长，四棱形，端距 1 枚。

239 阔胸禾犀金龟
拉丁名：*Pentodon quadridens mongolicus* Motschulsky,1849

体长 18 ～ 24 毫米。体宽圆形，黑褐色。唇基近梯形，前缘平直，两端各具一上翘钝突，侧缘微卷曲，额唇基缝明显，中央有 1 对疣突，额及唇基具粗糙皱纹；触角 10 节，端部 3 节鳃片状；前胸背板横阔，前缘凹入，中部近直线，前角近直角，侧缘弧突，后缘中部近直线，两侧微弧凹，后角圆弧形，盘区向前隆突，表面散布大圆刻点；前胸腹突圆柱形，端部具黄褐色毛；鞘翅近方形，肩角下方微隆起，纵肋模糊；足粗壮，前足胫节宽扁，外缘锯齿状，中齿及端部 2 齿较大，后足胫节端半部上方弯曲，端缘有刺 17 ～ 24 枚。

240 小驼嗡蜣螂
拉丁名：*Onthophagus gibbulus*(Pallas,1781)

体长约9毫米。体黑色，鞘翅茶褐色，散布黑褐色小斑。雌雄异型。雌性头部近梯形，前缘中部微凹，额唇基缝及后头处各具1条横脊，表面密被横皱；触角9节，端部3节鳃片状；前胸背板横阔，略隆突，近前缘中部具短矮横脊，脊端圆凸；鞘翅宽扁，每翅具7条刻点沟，沟间平，疏布成列短毛，臀板近三角形，疏布圆形小刻点，纵线间具细皱纹；足粗壮，被睫毛状毛，前足胫节外缘4齿。

241 栗玛绢金龟
拉丁名：*Maladera castanea* (Arrow)

体长8～10毫米。全体红褐色到暗红褐色，有光泽。触角10节；唇基梯形，前缘上卷，中部纵向隆起，具刻点，光亮，额具稀疏细小刻点，晦暗；前胸背板具细小刻点，前角锐，后角钝；小盾片三角形，具刻点；鞘翅具明显10行刻点，行间微隆，臀板暗，具刻点和稀疏毛，腹面光滑无毛。

242 阔胫赤绒金龟
拉丁名：*Maladera (Cephaloserica) verticalis* (Fairmarie,1888)

曾用名：宽胫绒金龟（高兆宁，1993）、阔胫绢金龟（祝长清等，1999）、阔胫玛绢金龟（王新谱等，2010；杨贵军等，2011）。

体长7～8毫米。红棕或红褐色，具丝绒状光泽。触角10节，鳃片部3节；前胸背板侧缘后段直，前角尖，后角钝；小盾片长三角形；鞘翅有4条刻点沟，行间隆起明显，基部刻点较多，后侧缘折角明显，臀板三角形；前胫节外缘具2个齿，后胫节十分宽扁，光亮而近于无刻点，爪下具齿。

243 黑绒金龟
拉丁名：*Maladera (Omaladera) orientalis* (Motschulsky, 1858)

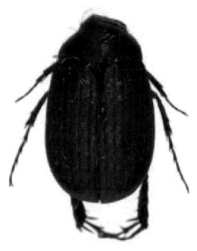

体长 8 ～ 9.5 毫米。体近椭圆形，黑色。触角黄褐色，腮叶端半部红褐色。足红褐色，腿节色深，略呈黑褐色。体背面具丝绒般光泽；头顶基半部光滑，端半部中部具稀疏刻点；触角 9 节，有时 10 节，腮片部由 3 节组成，雄虫腮片部是柄部长的 2 倍；前胸背板宽大于长，前缘中部凹，前侧角尖，侧缘近平行，端部收狭，后缘后凸，后侧角钝，盘区密被刻点；小盾片舌形，刻点较前胸背板略稀，具刻点毛；鞘翅近矩形，肩角略突出，刻点小而稀疏，每翅具 9 条刻点沟，沟间微隆。

（三十四）粪金龟科 Geotrupidae

体多中型到大型，椭圆形、卵圆形或半球形。体色多呈黑色、黑褐或黄褐，有金属光泽或黄褐、红褐等斑纹。前口式，唇基大，上唇横阔，上颚大，背面可见。触角 11 节，鳃状。前胸背板大而横阔。鞘翅有深显纵沟纹。臀板不外露。腹部可见腹板 6 个。前足胫节扁大，外缘多齿至锯齿形，内缘 1 距发达；中足后足胫节外缘有 1 ～ 3 条横脊，爪成对简单。有些属性二态现象显著。

244 波笨粪金龟
拉丁名：*Lethrus potanini* Jakovlev, 1890

体长 16 毫米，较圆隆，深黑褐色，光泽弱。唇基近梯形，表面粗糙，头、眼脊片凹凸不平，中间凹陷，布杂乱刻点，眼上刺突发达，呈三角形，有刻点；上颚发达，具致密刻点，内缘有 4 ～ 5 个小齿，左上颚外缘下面生一强直长角突，右上颚下面有疣突；触角鳃片部顺序套置，呈圆锥形；前胸背板横宽，密布刻点和小突，背面中段有 1 条纵沟纹，边框明显，前侧角钝，后侧角圆；鞘翅圆隆，纵纹弱，有杂乱刻点和大小瘤突；前足胫节外缘有 7 ～ 8 枚齿突，各足具爪 1 对，中、后足胫节各有端距 2 枚。

体长约 24 毫米，宽约 13 毫米。扁椭圆形，棕色或棕黑色，有弱金属光泽。腹面有浓密的黄棕色绒毛；头光亮，刻点致密，眼上刺突发达，上颚强大，顶端分叉，向上弯曲，角突后方附近有 1 短角突；前胸背板短宽，中部一纵沟，刻点稠密，大而深，前缘平直，基部略呈波弯，饰边明显，前、后角圆钝，雄性前缘中央具 1 长尖角突，直达唇基前缘，雌性前缘中央一突起微前冲，突起的两侧各有一小角突；小盾片鸡心状；鞘翅有 13 条点条线；前胫节外缘 6 突端齿顶端分叉，端距尖长，中、后胫节各有端距 2 枚。

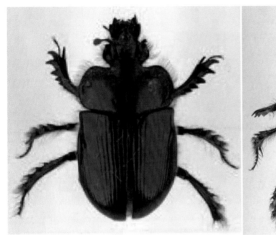

雌性　　　　　　　　　　雄性

雄性

（三十五）锹甲科 Lucanidae

大型，长椭圆形或卵圆形，鞘翅发达；体壁坚硬，有光泽，体色多棕褐、黑褐至黑色，少数种类有金属光泽或被毛；性二态现象十分显著，雄虫头大，上颚特别发达，呈鹿角状；复眼小，有时刺突延长达眼之后缘而把眼分为上下两部分；触角肘状，分 10 节，腮片部 3 ～ 6 节，呈带状；跗节 5 节，以第 5 节最长。

246 | **大卫刀锹甲**
拉丁名：*Dorcus davidis* (Fairmaire,1887)

体长约 22 毫米 (不含上颚)，黑色。雌雄异型。体宽扁，椭圆形。头横宽，密布刻点。雄性上颚发达，微弧弯，末端尖，长度约与前胸宽度相等，近中部有 1 枚指向内侧的钝齿，基半部密布刻点；雌性上颚短小，前胸背板宽约为长的 2 倍，前缘微波形，侧缘端部 2/3 弧形，基部 1/3 处具 1 枚钝齿，由钝齿至后缘斜直，后缘近直，前角近直角，后角弧钝，盘区隆起，前缘被细小刻点，侧缘及端缘被粗大刻点。鞘翅长卵形，肩角尖，翅面具稠密刻点；足发达，前足胫节外缘具 5 枚小齿。

（三十六）阎甲科 Histeridae

体长 0.7 ～ 30 毫米。体形多变，隆背或背、腹面扁平，有些圆柱形，稀见球形似蜘蛛者；大多黑色，具蓝或绿色金属光泽或红斑；背面大多光裸，有些具刻点，少数具粗毛。大多具复眼，长圆形，后缘常向内弯曲。触角膝状，端部 3 节棒状，前胸背板凸起，光滑、无毛，具刻点和 (或) 毛。鞘翅方形，具刻点沟。后翅发达，极少退化。腹部短宽，可见 7 个腹节，至少前 5 个腹节被鞘翅遮盖。式 5 ～ 5 ～ 5，稀见 5 ～ 5 ～ 4 者。

247 | **半纹腐阎甲**
拉丁名：*Saprinus semistriatus* (Scriba,1790)

体长 3.4 ～ 5.5 毫米。卵圆形，具光泽。触角及足黑褐色；前胸背板两侧散布粗刻点，刻点不扩散到后角，眼后窝大而深；鞘翅背线内有刻点，背线向后伸达中部稍后，第 3 背线不缩短，第 4 背线基部弯向翅缝，但不与翅缝线相连，肩线与第 1 背线平行，并与肩下线相接；前胫节具 10 ～ 13 个小齿。

（三十七）鳃金龟科 Melolonthidae

体中型，卵圆形或椭圆形，体色多棕、褐至黑褐。触角 8 ～ 10 节，鳃片部由 3 ～ 8 节组成。前胸背板基部等于或稍狭于鞘翅基部，中胸后侧片于背面不可见。小盾片多呈三角形。鞘翅发达，常有 4 条纵肋，后翅多发达能飞翔。臀板外露。前足胫节外缘有 1 ～ 3 齿，内缘多有距 1 枚，中、后足胫节端距 2 枚，有爪 1 对，亦有些种类其前、中足 2 爪大小不一，后足仅有爪 1 枚。

248 大云鳃金龟
拉丁名：*Polyphylla laticollis* Lewis,1887

体长 31 ～ 38.5 毫米。体栗褐色至黑褐色。头、前胸背板色较深；体背具披针形白色鳞片，常形成斑纹，其中前胸背板中纵纹仅在前半部明显，外侧常具环形白斑；触角 10 节，雄虫鳃片部由 7 节组成，长大后弯曲，雌虫 6 节，短小；雄虫前足胫节外缘具 2 枚齿，雌虫 3 枚齿。

249 白云鳃金龟替代亚种
拉丁名：*Polyphylla alba vicaria* Semenov,1900

体长 30 毫米，体宽 13 毫米。体椭圆形，红褐色，全体被白色至黄白色鳞片。头、胸部腹面密被黄褐色毛；触角 10 节，雄性鳃片部 7 节，雌性 6 节；唇基近方形，中部凹，侧缘翘起；前胸背板近六边形，后缘弧突，侧缘角状，盘区中纵沟微凹，中部两侧各具 1 枚裸斑；鞘翅肩角明显。

250 莱雪鳃金龟
拉丁名：*Chioneosoma*(*Aleucolomus*)*reitteri*(Brenske,1887)

体长 18.5 ～ 20 毫米。体长卵形，红褐色。头面部色较深，黑褐色，前胸背板（除盘区）、鞘翅（除中部）、腹部臀板及腹板覆白色被毛；头、胸部腹面密被灰黄色绒毛；头部较小；触角10节，鳃片部3节，桨状；前胸背板近六边形，后缘弧突，侧缘基部 2/3 近平行，端部 1/3 渐变窄，前缘略弧凹，盘区被致密圆形刻点，前胸背板与鞘翅间具灰黄色长绒毛；小盾片近三角形，被均匀具毛刻点；鞘翅近矩形，密布具毛刻点，纵肋4条，明显；臀板近三角形，微隆，密被灰白色绒毛；前足胫节外缘具3齿；爪下齿突位于基部。

251 华北大黑鳃金龟
拉丁名：*Holotrichia oblita*（Faldermann,1835）

体长 17 ～ 22 毫米。长圆形，体色黑褐至黑色，光泽强。触角10节，雄虫鳃片部约等于其前6节总长；前胸背板密布粗大刻点，侧缘向侧弯扩；小盾片近半圆形，鞘翅密布刻点微皱，纵肋可见；臀板下部强度向后隆凸，末端圆尖，第5腹板中部后方有三角形凹坑；胸下密被柔长黄毛；前足胫节外缘具3齿，后足跗节第1节略短于第2节，爪下齿中位垂直生。

252 棕色鳃金龟
拉丁名：*Holotrichia* (*Eotrichia*) *titanis* (Reitter, 1902)

曾用名：棕色金龟（高兆宁，1993）。

体长 17.5 ～ 24.5 毫米。棕色，被弱丝绒光泽。头小，唇基宽短，前缘中央明显凹入，前侧缘上卷；触角10节，片部3节；前胸背板宽大，中纵线光滑微凸；除基部中段外均具饰边；侧缘外扩，饰边锯齿状，密生褐色细毛；腹面密生白色长毛；小盾片刻点稀疏；鞘翅4条纵肋，肩凸明显；腹部圆大，有光泽；雄性臀板刻点稀疏，顶钝，雌性刻点密，扁平三角形；前胫节外缘具2齿，后胫节细长，端部喇叭状，爪中位很直，有1枚锐齿。

253 围绿单爪鳃金龟
拉丁名：*Hoplia (Decamera) cincticollis* (Faldermann, 1833)

体长 11.4 ～ 15 毫米。黑色或黑褐色。鞘翅淡红棕色；除唇基外，体表密布各式鳞片；头平坦，被长毛，鳞片柳叶形，淡银绿色；触角 10 节，鳃片部 3 节，短小；前胸背板圆拱，侧缘钝角突出，中央鳞片色深，无金属光泽，四周有银绿色鳞片；小盾片的鳞片与前胸背板的鳞片相似；鞘翅纵肋不明显，有稀疏短小刺毛，盘上密布长条形或少量短披针形、卵圆形黄褐鳞片；臀板、前臀板及腹面鳞片淡银绿色；足粗壮，前足 2 爪大小相差甚大，后足为单爪。

（三十八）花金龟科 Cetoniidae

体中型或大型。唇基发达，基侧在复眼的前方内凹。触角 10 节，鳃片部由 3 节组成。前胸背板梯形或略近椭圆形。小盾片三角形。鞘翅前阔后狭，背面常有 2 条强直纵肋，后胸后侧片及后足基节侧端于背面可见。臀板发达，略呈短阔三角形。中足基节之间有中胸腹突。前足胫节外缘有 1 ～ 3 齿，跗节多为 5 节，少数属为 4 节。

254 小青花金龟
拉丁名：*Oxycetonia jucunda* Faldermann，1835

体长 11 ～ 16 毫米。体绿、黑、浅红或古铜色，散布白绒斑。前胸背板椭圆形，密布小刻点和长茸毛，盘区两侧各有 1 个白绒斑，近边缘斑点较分散；鞘翅狭长，布稀疏弧形刻点和浅黄色长茸毛，散布白绒斑，肩凸内侧常有 1 个或几个小斑，肩部最宽，两侧向后稍微收狭，后外端缘圆弧形；臀板近基部横排 4 个白绒斑；中胸腹突前部狭窄，顶端圆，后胸腹板中间光滑，两侧密布皱纹和长绒毛；腹部光滑，稀布刻点和长茸毛，1 ～ 4 节两侧各有 1 个白绒斑；前足胫节外缘具 3 齿。

255 暗绿花金龟
拉丁名：*Cetonia viridiopaca* (Motschulsky1860)

体长 15.5 ～ 19 毫米。近卵圆形，体暗铜绿色，有金属光泽。头面密布挤皱粗大刻点；前胸背板前狭后阔，疏布半圆或圆形刻点，侧缘斜弧形，前后缘无边框，后缘侧段斜，中央向前弧凹；鞘翅不规则密布马蹄印痕或半圆形刻纹，缝肋高隆，背面 2 条纵肋明显，外侧缘折于肩后深深弧形内凹，后胸后侧片及后足基节侧端外露；臀板密布细皱，沿上缘横列 4 个白绒斑；中胸腹突阔，略呈球形，雄虫腹部有中纵沟；前胸背板有小白绒斑 2 对，鞘翅散布众多小白绒斑；前胫外缘 3 齿，爪成对，简单。

256 白星花金龟
拉丁名：*Potosia brevitarsis* (Lewis, 1879)

体长 18 ～ 22 毫米。狭长椭圆形。古铜色、铜黑色或铜绿色。前胸背板及鞘翅布有条形、波形、云状、点状白色绒斑，左右对称排列；前胸背板前狭后阔，前缘无边框，侧缘略呈"S"形，侧方密布斜波形或弧形刻纹，散布乳白绒斑；鞘翅侧缘前段内弯，表面绒斑较集中地可分为 6 团，团间散布小斑；臀板有绒斑 6 个；前胫节外缘具 3 颗锐齿，内缘距端位，1 对爪近锥形；中胸腹突基部明显缢缩，前缘微弧弯或近横直。

257 华美花金龟
拉丁名：*Cetonia* (Eucetonia)magnifica Ballion,1871

体长 13.5 ～ 18.5 毫米，宽 7 ～ 8.5 毫米。椭圆形，古铜色或深绿色，被粉末状薄层，有时磨损略显光泽。体下和足亮铜红色；鞘翅密布浅黄色长茸毛；前胸背板近梯形，密布粗刻点和茸毛，有时盘区有绒斑，侧缘弧形，基部中凹浅，后角弱钝；小盾片狭长，顶钝；鞘翅近长方形，稀布刻纹和茸毛，边缘附近有众多白斑，外缘基部具 2 条大横斑；中胸腹突近球形，甚光滑；后胸腹板两侧密布粗大刻纹和长茸毛；臀板近三角形，基部有 4 个间距近相等的小圆斑，中间 2 个偶消失；足短粗，前胫节外缘具 3 齿，中、后胫节外缘具 1 齿。

（三十九）蜉金龟科 Aphodiidae

体略呈半圆筒形，褐色至黑色，也有赤褐或淡黄褐等色，鞘翅颜色变化较多，有斑点。头前口式，唇基发达。触角9节，鳃片部由3节组成。前胸背板盖住中胸后侧片。小盾片发达。鞘翅多有刻点沟或纵沟线，臀板不外露。腹部可见6个腹板。足粗壮，前足胫节外缘多有3齿，中足、后足胫节均有端距2枚，各足有成对简单的爪。

258	冠卡蜉金龟
	拉丁名：*Aphodius chokaiensi* Nomura et Nakane

体长4～5毫米，体宽1.5毫米。鞘翅褐色，雌性比雄性稍浅，其他部分为黑色；触角9节，鳃叶部球形3节；唇基梯形，前缘上卷不明显，具有细小刻点，额与唇基没有明显界限；前胸背板发达，边缘刻点大而密，前后角均钝圆；小盾片三角形，光滑；鞘翅有10行明显刻点，行间光滑不隆直，臀板不外露。

259	直蜉金龟
	拉丁名：*Aphodius rectus* Motschulsky,1866

体长5.5～6毫米。体椭圆形，背面弧拱，黑褐至黑色，或鞘翅黄褐色，鞘翅每侧有1个斜长圆黑褐色大斑；唇基短阔，与刺突连成梯形，密布粗细不匀的刻点，前缘中段微下弯，唇基中央有短弱横脊，沿额唇基缝横列3个弱丘突；前胸背板弧拱光亮，散布圆大刻点，后缘饰边完整；小盾片三角形；每鞘翅有10条深显刻点沟，沟间平坦；前足胫节外缘具3齿，雄虫前胫端距略呈"S"形。

260 马粪蜉金龟
拉丁名：*Aphodius (Agrilinus) sordidus* (Fabricius, 1775)

体长约 6.5 毫米。体椭圆形，黄褐色。头顶黑色；前胸背板黄褐色，中部黑褐色，其两侧各具 1 个黑褐色圆斑，鞘翅肩凸后方及端部 2/5 处各具 1 个黑褐色斑；小盾片黑褐色，近三角形，末端尖；鞘翅两侧近平行，端部变窄，末端圆滑，每翅具 9 条深刻点沟，沟间光滑；臀板被鞘翅遮盖；前足胫节外缘具 6 齿，基侧 3 枚极小。

261 边黄蜉金龟
拉丁名：*Aphodius (Labarrus) sublimbatus* Motschulsky,1860

体长 4.7 ～ 5.2 毫米。体椭圆形，暗黄褐色。头面部和前胸背板中部深褐色或黑色；头部短阔；触角 9 节，鳃片部 3 节；前胸背板极隆突，前、后角均为直角，后缘略弧突，盘区散布大小不等刻点；小盾片舌状；鞘翅两侧近平行，端部变窄，末端圆滑，每翅具 9 条深刻点沟，沟间光滑，翅面具不规则模糊暗褐色小斑；前足胫节外缘具 3 齿。

（四十）红金龟科 Ochodaeidae

体小型，体长 3 ～ 10 毫米。体背多隆拱。头前口式，上颚背视可见。触角 9 节或 10 节，端部 3 节鳃片状。鞘翅将腹部全部遮住，常具刻点沟。腹部可见腹板 6 个。

262 锈红金龟
拉丁名：*Codocera ferruginea* (Eschscholtz, 1818)

体长 4 ～ 8 毫米。体近椭圆形，锈红色；头、胸部近红褐色，全体密被金黄色绒毛；头顶横宽，上唇近矩形，基部具 4 个凹，端部隆起，上颚发达，边缘黑褐色，复眼大；前胸背板前缘中部凹；小盾片舌状；鞘翅前缘近平直，向后渐变窄，末端圆滑，每翅具 9 条刻点沟；前足胫节外缘具 3 齿。

（四十一）皮蠹科 Dermestidae

体小型，暗色。棒状触角常藏体下。跗5节。前足基节圆锥形斜位，基节窝开放。后足基节板状，有沟槽可容纳腿节。

263 花斑皮蠹
拉丁名：*Trogoderma varium* (Matsumura & Yokoyama, 1928)

体长2～3.5毫米。头及前胸背板黑色；鞘翅暗褐色，有淡色花斑，鞘翅上的淡色毛形成较清晰的毛带，有时亚中带及亚端带较退化；触角11节，粗棒状，棒6节（雄）或5节（雌）。雄性第10背板端缘强烈隆起，使整个背片呈三角形。

264 拟白腹皮蠹
拉丁名：*Dermestes frischi* Kugelann，1892

体长6～10毫米。体表黑色或暗褐色。前胸背板中部着生黑色、黄褐色及白色毛，两侧及前缘着生大量白色或淡黄色毛，形成淡色宽毛带，两侧淡色毛带的基部各有1个卵圆形黑斑，使淡色带的基部呈叉状；鞘翅以黑色毛为主，间杂白色及黄褐色毛，后端角无尖刺；腹部腹板的两前侧角各有1个黑斑，第5腹板端部中央还有1个横形大黑斑。雄虫第4腹节腹板中央稍后有1个圆形凹窝，由此发出1个直立毛束。

265 玫瑰皮蠹
拉丁名：*Dermestes dimidiatus ab.rosea* kusnezova, 1908

体长7～10.5毫米。体表黑色。前胸背板全部或绝大部分以及翅基部1/4着生玫瑰色毛，鞘翅其余部分着生黑色毛，腹部腹板大部被白色毛，第2～5腹板前侧角及近后缘中央两侧各有1个黑斑，第5腹板中部的2个大斑相互连接。雄虫第4腹板中央有一凹窝，由此发出1个直立毛束。

（四十二）小蠹科 Scolytidae

体微小至小型，宽短，圆筒形。体多为黑色或褐色，被毛。头部的一部分向下方延长成较短的头管，象鼻部分短而不甚明显。触角短，锤状。前胸背板大，长度约占体长的 1/3 以上，前端收狭。足胫节有齿，跗节 5 节。鞘翅长，盖过腹末，表面有粗大的刻点条纹。腹板可见 5～6 节，腹部末节通常呈平切状。

266　云杉八齿小蠹
拉丁名：*Ips typographus* Linnaeus，1758

成虫体长 4～5 毫米。体圆柱形，红褐至黑褐色，有光泽。鞘翅刻点沟凹陷，沟中刻点深大，沟间区稍隆起，翅盘开始于鞘翅的 2/3 处，较倾斜，表面不光亮，呈蜡膜状，盘内刻点细，小于盘侧沟中沟间的刻点，翅盘两侧各 4 具个独立齿，前3 齿由小渐大，第 4 齿端部纽扣状，具 1～2 齿间距离最大。

267　多毛小蠹
拉丁名：*Scolytus seulensis* Murayama

体长 2.6～4.9 毫米，宽 1.7～2.1 毫米。体表深褐色；鞘翅表面有光泽，被有短绒；腹部急剧收缩成钝角，在第 2 腹板中央两性均有一瘤突。

268　油松梢小蠹
拉丁名：*Cryphalus tabulaeformis* Tsai et Li

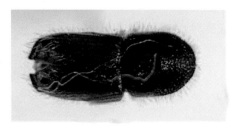

体长 2～2.2 毫米。体椭圆形。黑褐色，有光泽。前胸与鞘翅颜色深浅一致；触角锤状部近圆形，端部稍狭窄，外面的 3 条横缝几乎呈直线；鞘翅肩角部明显。

（四十三）叶甲科 Chrysomelidae

体小至中大型，体长 10 ～ 40 毫米。体卵形至长形；体色多变，有或无金属光泽。复眼突出，触角多为 11 节，通常为丝状或锯齿状。前胸背板多横宽，背部略扁。鞘翅一般遮住腹部，有些短翅型，臀板外露。跗节 5-5-5 式或 4-4-4 式。

269 紫榆叶甲
拉丁名：*Ambrostoma quadriimpressum* (Motschulsky,1845)

体长 8.5 ～ 11 毫米。体椭圆形。背面金绿色，间有紫铜色；鞘翅基部凹陷之后具 5 条规则的紫铜色纵条纹；足紫罗兰色；前胸背板后侧缘较直，背板两侧具粗大刻点，后缘刻点密，相对较细。

270 漠金叶甲
拉丁名：*Chrysolina aeruginosa*（Faldermann，1835）

体长 7 ～ 8.1 毫米。卵圆形，背面拱凸。体色变化大，鞘翅铜绿色，头、胸、鞘翅周缘、体腹面和足蓝紫色；触角绛红色或黑色，有时全体为黑色或古铜色；头顶刻点很细，较稀；触角伸达鞘翅肩部；前胸背板盘区中部刻点致密，两侧靠近侧缘显著，纵行隆起，其内侧纵凹内刻点粗大紧密；小盾片舌形，无刻点；鞘翅刻点粗深，从基部及中缝向周缘刻点渐粗，略呈双行排列，行距上有细刻点和横皱纹。

271 沙蒿金叶甲
拉丁名：*Chrysolina aeruginosa* (Faldermann,1835)

体长 6.5 ～ 8 毫米。体卵圆形。体色有变化，蓝绿色或蓝紫色，具光泽；头顶刻点稀且细；触角远超前胸背板基部，前胸背板亚侧缘微凹，刻点粗大，其余部位刻点较小，前缘深凹，前角突出，后缘向后弧凸；小盾片舌状，基具几个刻点；鞘翅刻点粗且深，略呈双行排列，行间有细刻点和横皱纹。

272 萹蓄齿胫叶甲
拉丁名： *Gastrophysa (Gastrophysa) polygoni polygoni* (Linnaeus，1758)

曾用名：萹蓄角胫叶甲（王希蒙等，1992）、扁蓄齿胫叶甲、蓼齿胫叶甲（高兆宁，1993）。

体长约 5 毫米。有金属光泽。头满布刻点，头顶略稀，向前渐密；触角粗壮，向后伸达鞘翅肩胛；前胸背板表面拱起，侧缘微弧，刻点较头部略细，中部较稀，两侧较密；小盾片基部刻点粗；鞘翅刻点较胸部粗密，刻点间隆起，具网状细纹。

273 柳蓝叶甲
拉丁名： *Plagiodera versicolora* (Laicharting)

成虫椭圆形。体、鞘翅、胸足深蓝色，有金属光泽。鞘翅橙红色或橙褐色，两鞘翅末端交会处黑色；前胸背板蓝紫色。幼虫灰黑色，前胸背板有 2 个褐色斑。蛹黄褐色，背有 4 列黑斑。

274 柳沟胸跳甲
拉丁名： *Crepidodera plutus* (Latreille, 1804)

体长 2.8～3 毫米。背面蓝色或绿色，前胸背板常带金红色金属光泽；触角基部 4 节淡棕黄色，其余黑色，触角可伸达鞘翅基部 1/3 处，第 1 节粗大；足棕黄色，后足腿节大部分深蓝色，粗大；鞘翅上具 10 列刻点。

鞘翅目 · Coleoptera

275 柽柳粗角萤叶甲
拉丁名：*Diorhabda elongata deserticola* Chen

体长 4.5～8 毫米。体色淡黄或枯黄色，光裸；前胸背板有时具黑斑；每翅端半部具 2 条暗色纵带。

276 白茨粗角萤叶甲
拉丁名：*Diorhabda rybakowi* Weise，1890

体长 4.5～5.5 毫米。体长形。背、腹面、小盾片及足黄色；触角第 1～3 节背面黑褐，腹面黄色，第 4～11 节黑褐色；头部从后向前呈"山"形黑斑纹；前胸背板宽大于长，基线波曲，侧缘在中部之后圆隆，具 5 个黑斑；小盾片舌形，具刻点；鞘翅肩脚稍隆，盘区隆起，刻点细，每个鞘翅上具 1 条黑褐色纵条纹。

277 亚洲切头叶甲
拉丁名：*Coptocephala orientalis* Baly,1873

体长约 5 毫米。头、体腹面和足黑色。头部宽短，额近方形，头顶高凸，光滑无刻点；触角黑色，第 3、第 4 节红褐色，长度超过前胸基部；前胸背板宽，红褐色，侧缘弧形，后角红褐色；鞘翅黄褐色，具 2 条蓝黑色横带，1 条在基部，另 1 条在中部稍后，黑斑有变异，有时宽带状，有时基部仅在肩胛处留 1 个小黑斑。

278 黑盾锯角叶甲
拉丁名：*Clytra atraphaxidis* Pall.

　　成虫体椭圆形，红褐色。头部中央、前胸背板中央黑色；鞘翅肩部、中部有黑斑，后1/3处有黑色宽横斑。

279 黑斑隐头叶甲
拉丁名：*Cryptocephalus (Asionus) altaicus* Harold，1872

　　曾用名：小隐头叶甲（高兆宁，1993）。

　　体长约3.7毫米。头上有密细刻点，额刻点较大而疏，被灰色毛；触角丝状，盘区密布细刻点和灰毛；小盾片长方形，基部直，黑亮，有时端部有黄斑；鞘翅基部和小盾片后方隆起，肩胛稍隆，翅基外侧有1条黑色宽纵纹，沿翅缝各有1条纵纹，翅基部纵纹间有黑圆斑，盘区具圆小深刻点和灰毛；臀板密布细刻点和灰色毛。

280 艾蒿隐头叶甲
拉丁名：*Cryptocephalus (Asionus) koltzei koltzei* Weise，1887

　　曾用名：艾隐头叶甲（高兆宁，1993）。

　　体长3.2～5毫米。黑色。头被灰白色短毛，有稠密的清晰细刻点；头顶中间有纵沟纹；前胸背板侧边细窄，基部中叶后凸，盘区有稠密的细刻点，略长形，有很细淡色短毛，两侧具纵皱纹；小盾片光亮，三角形，末端直，具稀疏微刻点；鞘翅肩胛和小盾片后方刻点

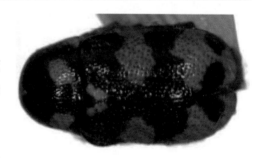

小而清晰，排成略规则纵行，行间有细刻点，刻点毛细短而稀疏且不明显。

281 毛隐头叶甲
拉丁名：*Cryptocephalus (Asionus) pilosellus* Suffrian, 1854

　　体长 3.5～5 毫米。体黑色。头顶黄色，中部具黑色纵纹，端部向触角基扩展；触角黄褐色至红褐色；前胸背板周缘除后缘中部两侧黑色外，呈黄色；鞘翅黄色，具黑斑，肩胛处具 1 个黑斑，与其平行的翅内侧具 1 个黑斑，中部具 4 个纵斑，翅端具 3 个黑斑，黑斑数量常有变异，一般肩胛处黑斑均存在。

282 杨梢肖叶甲
拉丁名：*Parnops glasunowi* Jacobson，1894

　　体长 5～6.5 毫米。体狭长，黑色或黑褐色。头、胸和鞘翅均为黄褐色；复眼球状，黑色；触角 11 节，丝状；前胸背板宽大于长，呈长方形；小盾片半圆形；鞘翅两侧平行，端部狭圆；前胸背板和鞘翅上密生黄色绒毛。

（四十四）肖叶甲科 Eumolpidae

体小到中型，多具金属光泽，体背具瘤突。头顶部分或大部分嵌入前胸内。唇基与额之间无明显分界。触角一般 11 节，丝状、锯齿状或端节膨阔。腹部腹面可见 5 节腹节。后足腿节常较前、中足粗大或明显膨大。胫节较细长，跗节为隐 4 节型，其中第 3 节分为 2 叶。爪简单，或基部具附齿，或每片爪纵裂为 2 片。

283	罗布麻绿肖叶甲
	拉丁名：*Chrysochares punctatus punctatus* (Gebler1845)

体长 9～13 毫米。铜绿色，常具紫色光泽。头上刻点较大而密；触角较粗壮，长超过鞘翅肩部；前胸背板基端两处变窄，中部之前最宽，中部之后侧缘直，斜向后方；小盾片长形，末端圆钝，具细刻点；鞘翅肩部隆起，基部浅横凹，盘区有稠密的细刻点，排列不规则。

284	中华萝藦肖叶甲
	拉丁名：*Chrysochus chinensis* Baly，1859

体长 7.5～13.5 毫米。体长卵形。蓝或蓝绿、蓝紫色，有金属光泽。头中央有 1 条细纵纹；触角黑色；小盾片心形或三角形，蓝黑色，表面光滑或具细刻点；鞘翅基部稍宽于前胸，肩胛和基部之间有 1 条纵凹，基部之后有 1 条或深或浅的横凹，盘区刻点不规则；前胸腹板长方形，中胸腹板方形，雌虫的后缘中部稍向后凸出，雄虫的后缘中部有 1 个向后指的小尖刺；爪纵裂。

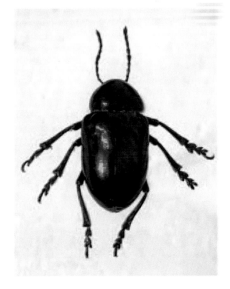

285 二点钳叶甲
拉丁名：*Labidostomis bipunctata* (Mannerheim,1825)

体长 7 ～ 11 毫米。长方形。体背蓝绿色到靛蓝色，有金属光泽。头顶及体腹面被白色竖毛；头长方形；触角基部 4 节褐黄色，锯齿节蓝黑色；前胸背板刻点细密，光裸无毛；小盾片平滑无刻点；鞘翅黄褐色，刻点细密而排列不规则，肩胛上各有 1 个黑斑。

（四十五）负泥虫科 Crioceridae

体中至大型，常具花斑，成虫前口式，后头发达，眼凹较深，前胸背板两侧无边框，后足腿节粗大，后翅有 1 个臀室。

286 枸杞负泥虫
拉丁名：*Lema decempunctata* Gebler，1830

体长 4.5 ～ 6 毫米。头、触角、前胸背板、小盾片、体腹面蓝黑色；前胸背板近于方形，两侧中部略收缩，表面散布粗密刻点；鞘翅黄褐至红褐色，每个鞘翅有 5 个近圆形黑斑：肩胛 1 个，中部前、后各 2 个，斑点的大小和数目有变异；足黄褐或红褐色。

（四十六）龟甲科 Cassididae

成虫形似小龟，体背隆起或稍隆，周缘敞出，头部多隐藏于前胸之下。小型到大型，某些类群具金属光泽，前胸和鞘翅敞边常透明。头向后倾斜。触角 11 节。鞘翅光洁，或有脊线、瘤和刺，在小盾片后面常隆起，形成驼顶；刻点排列成行或不规则，有时微细、稀疏。雌雄性征不明显，主要表现于触角的长度和粗度，以及前胸背板和鞘翅敞边的形状。

287 枸杞血斑龟甲
拉丁名：*Cassida deltoides* Weise，1889

体长 4 ～ 6 毫米。卵圆形。淡绿色。鞘翅中缝的驼顶、中部及后部各有 1 个血红斑，有时斑点连在一起；头顶具中纵沟，触角黄绿色，端部 3 ～ 4 节色较深；前胸背板扁圆形，前缘呈弧形突；鞘翅基部略宽于前胸背板，前角前伸，前凹明显，驼顶拱出。

（四十七）隐翅甲科 Staphylinidae

体小至大型，体长 0.5 ～ 50 毫米。卵形至长形，扁平或柱状。体色一般深色，常具红色或黄色斑。触角 11 节，多为念珠状和锤状，有的呈丝状，基本可达前胸背板中部，有的可超过鞘翅中部。鞘翅有时高度退化，仅覆盖腹部第 1 ～ 3 节；后翅发达，折叠于鞘翅之下。

288 暗缝布里隐翅虫
拉丁名：*Bledius limicola* Tottenham,1940

体长 4.5 ～ 6 毫米。雌雄异型。雄性前胸背板具 1 长刺状的前背角；体狭长，黑色，鞘翅除基部外红褐色，各足胫节红褐色，各跗节黄褐色；头部密布细密皱纹；触角上脊钝角状；前胸背板近盾形，前、后缘近平直，侧缘弧弯，前角近直角，后角钝圆，表面被粗大刻点，有 1 条深纵沟自后缘中部延伸至前背角端部；鞘翅矩形，长略大于宽，表面密被细刻点，细刻点间散布粗大刻点；后翅发达；腹部各节背板端部隆起，表面密被细密刻点。

289 赤翅隆线隐翅虫
拉丁名：*Lathrobium (Lathrobium) dignum* Sharp,1874

体长约5.5毫米。体狭长。黑色。触角、足、鞘翅（除基部）、腹部末端均为红褐色；头部狭长，刻点细密，被短柔毛；前胸背板长方形，刻点较头部粗大；鞘翅近矩形，基部较端部略窄，刻点较前胸背板略密；腹部两侧近平行，具细密刻点。

290 光鲜异颈隐翅甲
拉丁名：*Anotylus nitidulus* (Gravenhorst,1802)

体长1.6～2毫米。黑褐色。口器、鞘翅和足棕黄色，具光泽；头胸密布粗糙大刻点；头近梯形；前胸背板近半圆形，中央微隆，表面密布大刻点和光滑纵；鞘翅表面密布小圆刻点和皱纹，中缝不完全闭合；第7腹板后缘向后渐收缩，中间平截，第8腹板后缘中间宽。雌性第7腹板后缘平直，第8腹板向端部逐渐收窄，前缘两侧具宽角突。

（四十八）卷象科 Attelabidae

体长形，体背不覆鳞片。体色鲜艳具光泽。头及喙前伸，无上唇，外咽缝愈合；触角不呈膝状，末端3节呈松散棒状；前胸明显窄于鞘翅，端部收狭，两侧较圆；鞘翅宽短，两侧平行；前足基节大，强烈隆突；前足最长；各足腿节膨大，内侧具齿，胫节弯曲，末端有距；跗节5～5～5，第3节双叶状，第4节小；腹部可见5节，1～4节愈合。

291 樱桃虎象甲
拉丁名：*Rhynchites auratus* Scopli

成虫金红色，有金绿色光泽。前胸前缘两侧各有1根刺突伸向前方；鞘翅上具8列纵排刻点。

292 山杨卷叶象
拉丁名：*Byctiscus rugosus*(Gelber)

体长4.5～7毫米。体绿色，具铜色或紫铜色闪光。喙、腿节、胫节均呈紫铜色；雄虫头部长度几乎不大于宽度，头顶及其两侧和后面被横皱纹，额具纵皱纹刻点；喙伸向头的前下方，微弯曲，约为头长的2倍；触角黑色，着生于喙中央，11节，具疏生毛；前胸背板光滑，宽度略大于长度，两侧呈圆形，前缘具横缢，中央具1条浅纵沟，腹面有前伸的2根刺，小盾片宽度大于长度；鞘翅具粗大而密的刻点，但排列不甚规整，肩区稍隆起，两侧平行，后部向下圆缩，具细刻点，着生有灰白色和灰褐色的绒毛。

（四十九）象甲科 Curculionidae

体小至大型，喙显著，触角膝状，柄节延长，索节 4 ～ 7 节，末端 3 节呈棒状。下颚须和下唇须退化而僵直，不能弯曲，外咽缝合二为一，外咽片消失。跗节 5 节，第 4 节很小，隐藏于第 3、第 5 节之间。头部和前胸骨片互相愈合，多数种类被覆鳞片。

293 沟眶象
拉丁名：*Eucryptorrhynchus chinensis* (Olivier, 1790)

体长 15 ～ 18.5 毫米。体黑色。前胸、鞘翅基部及端部具大片的白色和红褐色鳞片，体背散布灰白色鳞片；鞘翅上的刻点粗大，行纹宽；各足腿节内侧具 1 个齿。

294 金绿树叶象
拉丁名：*Phyllobius virideaeris* (Laicharting, 1781)

体长约 5.5 毫米。体黑褐色，密被卵形绿色鳞片，具金色光泽。喙长略大于宽，两侧近平行，中沟浅凹；触角近达前胸后缘，柄节微弯，索节 1 略长于 2，棒卵形；前胸宽大于长，两侧近平行，基部 1/3 处微隆，前、后缘平截；鞘翅两侧近平行，翅表行间具灰褐色短毛。

295 金绿尖筒象
拉丁名：*Myllocerus scitus* Voss

体长 4 ～ 6 毫米。体红褐色，被金绿色鳞片，间杂由暗褐色鳞片聚集成的斑点。头宽大于长，喙宽大于长，口上片三角形，中间有 1 条短隆线，喙耳明显；触角柄节长超过前胸背板中间，基部略弯，散布倒伏的毛，棒节较长，梭形，略宽于索节；额宽大于眼宽；后颊短；前胸宽大于长，前后缘等宽，两侧中间最阔，前缘之后与基部明显降低，基部呈二凹形，背面刻点密；鞘翅长约为宽的 2 倍，两侧近平行，行纹细，行间扁；前足胫节内侧较中足胫节内侧更近于二波形，腿节的齿明显。

296 红背绿象
拉丁名：*Chlorophanus solaria* Zumpt

体长 9.5 ～ 10.5 毫米。黑色。头、前胸、鞘翅大部分被砖红色具光泽的鳞片，其间散布长毛；前胸、鞘翅两侧被淡绿色鳞片；触角、跗节红褐色；喙长略大于基宽，从基部向前缩窄，有 5 条隆线，中隆线长达额，边隆线、亚边隆线达到或超过眼的前缘；触角沟短，触角密被灰色长毛，柄节具绿色鳞片，棒节长卵形，端部尖；前胸短于基宽，两侧淡绿色；鞘翅扁平，肩部略呈角状突起，行间 1 ～ 6 被砖红色鳞片，行间 7 ～ 11 被覆淡绿鳞片，行间 1 被较多绿鳞片。雄虫前胸腹板鳞明显，腹板 1、2 中间凹。

297 近裸毛象
拉丁名：*Trichalophus subnudus* Fst.

体长 13 毫米左右。体椭圆形。体、翅、胸足棕褐色，密被短绒毛，散布棕黑色刻点。

298 暗褐尖筒象
拉丁名：*Myllocerus pelidnus*（Voss）

体长 5～6 毫米。体褐色，被暗褐色鳞片。腹面、头部鳞片黄色，在前胸两侧的鳞片通常排列成 2 条纵纹，在鞘翅和腿节、胫节排列成不规则的横纹；头宽大于长；喙长等于宽，端部略宽，中沟和背侧隆线明显；触角生于喙的近端部，柄节基部细，向后变宽扁，棒节长纺锤形；前胸宽大于长，基部深二凹形，两侧颇圆，向前缘和基部略变窄，刻点密；鞘翅长大于宽，肩呈钝角，两侧中间后最宽，向端部缩圆，行纹明显，刻点间距小，行间略凸，各有 1 行倒伏短毛；腿节具小而尖的齿，胫节细，外缘直，内缘略呈二波形，前足胫节端部具短刺；中、后足胫节由基部向端部渐宽，跗节 1 长于 2、3 节之和。

299 黑斜纹象
拉丁名：*Chromonotus declivis* Olivier, 1807

体长 7.5～11.5 毫米。体梭形，体黑色，被白色至淡褐色披针形鳞片。前胸背板和鞘翅两侧各有 1 条互相衔接的黑条纹和 1 条白条纹，条纹在鞘翅中间前后被白色鳞片组成的斜带所间断；喙粗壮，略扁，较前胸背板短，中隆线前端分成两叉；前胸背板宽略大于长，基部略等于前端，前缘后缢缩，后缘中间突出，两侧呈截断形，背面散布稀刻点，黑色条纹具少量大刻点；鞘翅两侧平行，中间以后略缩窄，顶端分别缩成小尖突，行间扁平，行纹刻点不明显。

300 沙蒿大粒象
拉丁名：*Adosomus grigorievi* Suvorov, 1915

体长 18～21 毫米。体黑褐色，被白色毛状鳞片。喙发达，中隆线强隆起，基部两侧具纵凹；胸部和腹部具大小不等近圆形斑点，中部的较大，前胸背板及中部具白色纵纹，鞘翅具白色纵带，中部 2 条较细。

301 帕氏舟喙象
拉丁名：*Scaphomorphus pallasi* (Faust, 1890)

体长约 15.5 毫米。体狭长，橄榄灰色。体两侧各 1 条黑褐色宽纵带自前胸背板延续到鞘翅末端，鞘翅中部两侧各具 1 条黑褐色纵带，鞘翅基部两侧各具 1 个黑褐色小圆点。

302 粉红锥喙象
拉丁名：*Conorrhynchus conirostris* Gebler

体长 14～15 毫米。体黑色，被白色圆形鳞片，间杂淡至暗褐色鳞片，散布黄褐色发红的粉末；喙向前缩成圆锥形，喙、额中隆线明显；前胸两侧白色，中区暗褐色，中区外两侧各有 1 条灰暗发光的带，并延长至头部，在眼前形成 1 个三角形斑，前胸向前缩窄，后缘中间向后突出，中间两侧斜切截形，中沟弱，或仅后端略明显，基部中间凹；鞘翅两侧白色，边缘有 1 行暗褐色点，行间 2、4、6 基部各有 1 个白点，中区散布暗褐色点片，鞘翅两侧平行，肩明显；腹部末 4 节基部中间各有 1 个光滑黑点。

303 甜菜筒喙象
拉丁名：*Lixus (Phillixus) subtilis* Boheman, 1835

曾用名：钝圆筒喙象（杨贵军等，2005）。

体长 9～12 毫米。体细长，椭圆形。翅上具不明显灰色毛斑，腹部两侧具灰色或略黄色毛斑，被细毛；喙弯，细于前足腿节，通常有隆线，具明显皱刻点，雄性长为前胸背板的 2/3，雌性长为前胸背板的 4/5，额凹，有长圆形窝；复眼扁卵圆形，不大，触角位于喙中部之前；前胸背板圆锥形，两侧略圆拱，背略明显毛纹，背面散布略密大刻点，刻点间布小刻点；鞘翅肩略隆，比前胸背板细，基部显圆凹，两侧平行或略圆，端部呈短而钝的尖突，略开裂，翅面行纹明显，刻点密，行间扁平；足很细。

304 多纹叶喙象

拉丁名：*Diglossotrox alashanicus* Suvorov, 1912

体长 8.5～12 毫米。体黑褐色，被白色鳞片。前胸两侧鳞片淡粉红色，前胸背板近侧缘各具 1 条白色纵带；鞘翅中部及行 4、5 间各具 1 条白色纵带；喙粗短，表面斜坡状，末端两侧具叶突；触角达前胸背板中部，索节 1 是索节 2 的 2 倍长，棒长卵形；前胸背板长宽近相等，中部之前最宽，前、后缘中部均浅内凹，表面密被圆形小刻点；鞘翅两侧近平行，端部近圆锥状。

305 蒙古土象

拉丁名：*Meteutinopus mongolicus* (Faust, 1881)

体长 4.4～5.8 毫米，被褐色和白色鳞片。头和前胸背板具铜色光泽；喙扁平，基部较宽，中线细，长达头顶，额宽于喙；前胸背板两侧圆突，前端略缩，基部有明显的边，背面有 3 条深纵纹和 2 条浅纵纹；小盾片三角形，有时不明；鞘翅宽于前胸背板，第 3、第 4 行间基部有白斑，肩也有白斑，行纹细而深，线形，行间扁，散布成行的细长毛，毛端部直，鞘翅端部的毛顶尖；足被毛，前胫节内缘有 1 排钝齿，端部变粗但不内弯。雄性腹部末节端部钝圆，雌性尖，基部两侧有沟纹。

306 浅洼齿足象

拉丁名：*Deracanthus jakovlevi* Suvorov, 1908

体长 8～12.5 毫米。额洼很深，眼内缘隆线明显；背面密布玫瑰色发黄且有金属光泽的鳞片，鞘翅刻点不深；腿节下侧被白色长毛。

杨潜叶跳象
拉丁名：*Tachyerges empopulifolis* (Chen, 1988)

体长 2.3 ～ 2.7 毫米。体黑色或黑褐色（羽化不久的成虫体表具锈黄色、黄色粉末）。触角及足常浅黄褐色；前胸背板指向内侧的尖细卧毛；鞘翅被尖细卧毛；小盾片具白色鳞毛，两眼大，几乎相接。

308

榆跳象
拉丁名：*Orchestes alni* (Linnaeus, 1758)

体长 2.6 ～ 3.1 毫米。体背及足棕色，头黑褐色；喙较粗，弯曲，常位于胸下；小盾片黑褐色；鞘翅基部具黑色斑纹，2/3 处也有黑斑，独立或相连，雄虫斑纹明显，雌虫斑纹小或无；鞘翅具 10 条刻点列；后足腿节膨大。

鞘翅目 · Coleoptera

中、小型。体背面圆隆，腹面平坦；跗节为隐4节，可见的第1腹板在基节窝之后有后基线，仅少数属不具此特征；下颚须末节斧状，两侧向末端扩大，或两侧相互平行；如果两侧向末端收窄，则至少前端减薄而且平截。

---

309 **黑缘红瓢虫**
拉丁名： *Chilocorus rubidus* Hope,1831

体长 5.8 ～ 7.2 毫米。体周缘近于心脏形；头部和前胸背板黑色；鞘翅周缘黑色，背面中央枣红色，枣红色区域的大小在不同个体中不同，有些个体枣红色区域很小，有些或扩大至整个鞘翅中缝也是枣红色。

---

310 **红环瓢虫**
拉丁名： *Rodolia limbata* (Motschulsky, 1866)

体长 4 ～ 6 毫米。头黑色；前胸背板基部具 1 个大黑斑；鞘翅黑色，周缘红色。

311　红点盔唇瓢虫
拉丁名：*Chilocorus kuwanae* Silvestri,1909

体长 3.5 ～ 4 毫米。体椭圆形，黑色。鞘翅中部靠前各具 1 个橙色斑点；前胸背板近心形，前缘中部"倒梯形"凹入，两侧呈矩形突出；鞘翅显著拱起，缘折宽。

312　二星瓢虫
拉丁名：*Adalia bipunctata*（Linnaeus，1758）

体长 4 ～ 6 毫米，体宽 3 ～ 4.6 毫米。体椭圆形，中度拱起。头和复眼黑色，复眼内侧有 2 个半圆形黄斑，有的个体以上部分全黑色；前胸背板黄色，中央有"M"形黑斑，有的前胸背板全黑色；有的个体，鞘翅颜色有变异，常见变型有 6 种；前胸背板缘折和鞘翅黄色；足及胸、腹部腹面中央大部分黑色，周缘黄褐色。

313　四斑显盾瓢虫
拉丁名：*Hyperaspis leechi* Miyatake，1961

体长 3.5 ～ 4.5 毫米，体宽 2.3 ～ 3.5 毫米。体长卵形，中度拱起，黑色；鞘翅黑色，各有 2 个橘红色斑，鞘翅末端平截，腹部末端收缩并露出鞘翅之外；前胸背板后缘呈半圆弧形、两侧平行，背板中央有梯形大黑斑、两侧有黄斑，背板缘折和中胸后侧片黄色。雄虫腹板第 5 节后缘平直，第 6 节后缘弧形凸出。

314 蒙古光瓢虫
拉丁名：*Exochomus mongol* Barovsky，1922

体长 4.2～5.2 毫米，体宽 3.6～4 毫米。体扁圆形。虫体周缘近卵圆形，半球形拱起，外缘向外平展；头部、前胸背板、鞘翅基色黑色；在鞘翅上各有 2 个红色的斑点，前斑位于鞘翅基部的 1/4 处，在肩胛突起之后，呈长四边形，后斑位于鞘翅 2/3 处的内线上，近圆形，较前斑小；腹面胸部黑色，腹基部中央黑色，其余红褐；足黑色。雄性第 5 腹板后缘弧形突出，第 6 腹板被覆盖。

315 七星瓢虫
拉丁名：*Coccinella septempunctata* Linnaeus，1758

体长 5～8 毫米，体宽 4～6 毫米。卵圆形，瓢形拱起。鞘翅上共有黑色斑点 7 个；唇基前缘黄色，上颚外侧黄褐色至黑褐色；前胸背板缘折前侧缘角黄色，中胸后侧片黄色，后胸后侧片黑色。

316 双七瓢虫
拉丁名：*Coccinula quatuordecimpustulata*（Linnaeus,1758）

体长 3.5～4.5 毫米。体卵圆形。头部黄色，后缘具黑色窄带；前胸背板黑色，前缘黄色，中部及两前角较大，呈斑状向后延伸；鞘翅黑色，共有 14 个黄斑，每侧按 2～2～2～1 排列。

317 十一星瓢虫
拉丁名：*Coccinella undecimpunctata* Linnaeus，1758

体长 3.5～5.5 毫米。虫体周缘卵圆形。头黑色，复眼黑色；前胸背板黑色，前角有三角形黄白色斑；小盾片黑色；鞘翅基色为黄色，密生细毛；在小盾片两侧有三角形白斑，有时不明显，小盾片下鞘缝上有 1 个圆形黑斑，此外每一鞘翅上各有 5 个黑色斑。

318 十三星瓢虫
拉丁名：*Hippodamia tredecimpunctata* (Linnaeus, 1758)

体长 6～6.5 毫米。体长卵形，扁平拱起。头部黑色，前缘黄白色，并向后呈三角形突入；前胸背板橙黄色，中部具一近梯形黑色斑，其近前缘两侧各具 1 个小黑斑；鞘翅橙黄色，共有 13 个黑斑，除小盾斑外，每翅各 6 个，呈 1～2～1～1～1 排列，有时仅在鞘翅前端 1/4 近外缘处各具 1 个小黑斑。

319 十八斑菌瓢虫
拉丁名：*Psyllobora sp.*

体长 3.2～3.8 毫米，体宽 2.1～2.6 毫米。卵圆形，弧拱。体基色为橘黄色，前胸背板有 5 个黑斑，呈前后 2（小）～3（大）排列；每鞘翅具 9 个黑圆斑，前后呈 2～3～3～1 排列。

320 纵条瓢虫
拉丁名：*Coccinella longifasciata* Liu, 1962

体长 4.5 ～ 5 毫米。卵圆形，扁平拱起。体黑色。触角黑褐色；前胸背板前缘、前角、侧缘有黄色条纹；鞘翅黄色，自基部沿肩胛有较宽的黑色纵条；盾片下沿鞘翅另有黑色纵条；腹面被白毛，中胸、后胸腹板的后侧片黄色。

321 白条菌瓢虫
拉丁名：*Macroilleis hauseri* (Mader, 1930)

体长 6 ～ 6.8 毫米。宽形，圆拱。头乳白色，无斑纹；复眼黑色；前胸背板黄褐色，半透明，无斑纹；鞘翅褐色至黄褐色，有 4 条白色纵条纹；小盾片黄白色；腹面中部褐色至黄褐色，侧片及边缘部分黄白色或浅黄色；足黄褐色。

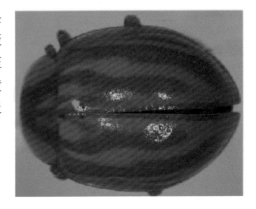

322 横斑瓢虫
拉丁名：*Coccinella transversoguttata* Faldermann, 1835

体长 5.5 ～ 7 毫米。卵圆形，末端较尖，背面拱起，额斑较大与触角后突相连。前胸背板前角黄斑呈四边形，前胸背板缘折前端黄色，中胸后侧片黄白色。雄虫前足基节外侧白色。额斑较大，前胸背板前缘有一窄横线。雄虫第 5 腹板后缘全线内凹，第 6 腹板后缘向外凸。雌虫第 5 腹板后缘微向外凸，第 6 腹板弧形外凸。

323 龟纹瓢虫
拉丁名：*Propylea japonica* Thunberg，1781

体长 3.4 ～ 4.7 毫米。体长圆形，弧形拱起，表面光滑，不被细毛。体基色黄色，鞘翅有龟纹状黑色斑纹。雄虫头部前额黄色而基部在前胸背板之下黑色，前额有 1 个三角形的黑斑，有时扩大至全头黑色；小盾片黑色；鞘翅上的黑斑常有变异。

324 菱斑巧瓢虫
拉丁名：*Oenopia conglobata* (Linnaeus,1758)

体长 4.5 ～ 5.5 毫米。体近椭圆形，中度拱起。体背淡黄色或浅红褐色。头部及前胸背板黄白色，复眼黑色，前胸背板中部具 2 个近"八"字形短斑，两侧各具 2 个黑斑，基部近中间另有 1 个小圆斑；鞘翅具黑色斑纹，有变异，常见的每翅上具 8 个黑斑，呈 2 ～ 2 ～ 1 ～ 2 ～ 1 排列，有时斑点相连。

325 隆缘异点瓢虫
拉丁名：*Anisosticta terminassianae* Bielawski,1959

体长 3.7 ～ 4.5 毫米。体长形，背面弱拱。鞘翅两侧近平行；体背黄褐色；头顶 2 个在基部相连的黑斑；前胸背板具前、后 2 排 6 个近圆形黑斑；小盾片黄褐色，侧边黑色；每翅 9 个黑斑，有时变小，甚至全部消失；腹面黄褐色，中胸、后胸黑色；腹部第 1 ～ 3 节黑色，两侧黄褐色；足黄褐色。

326 异色瓢虫
拉丁名：*Harmonia axyridis*(Pallas ,1773)

体长 5.4 ～ 8 毫米。卵圆形，半球形拱起。体背面光裸，色泽及斑纹变异很大；头、前胸背板及鞘翅具均匀浅小刻点，鞘翅边缘粗而稀；复眼圆形，近触角基部附近三角形凹入；前胸背板前缘深凹，基部中叶凸；小盾片前直，侧缘弧弯，前角钝，后角不明显；鞘翅侧缘不明显向外平展，肩角稍向上掀起，端角弧形内弯，翅缝末端稍内凹，边缘具宽扁隆线，在鞘翅 7/8 处端末前显隆形成横脊，鞘翅缘折中、后胸侧面最宽，后基线分叉；雄性第 5 腹板基部弧，第 6 腹板基部中叶半圆形内，雌性第 5 腹板基部中叶舌形突出，第 6 腹板中部纵隆起，基部圆突；爪完整，基齿宽大。

327 多异瓢虫
拉丁名：*Hippodamia variegata* (Goeze, 1777)

体长 4 ～ 4.7 毫米。头前部黄白色，后部黑色，或唇基具 2 个黑斑；前胸背板黄白色，基部通常具黑色横带，且向前伸出 4 条纵带，有时黑带前端愈合，构成 2 个 "口" 字形斑；鞘翅黄褐色至红褐色，两鞘翅上共有 13 个黑斑，除小盾斑外其余每鞘翅具 6 个黑斑，黑斑的变异很大，向黑色型变异时，黑斑相互连接或部分黑斑相互连接，向浅色型变异时，部分黑斑消失。

（五十一）水龟甲科 Hydrophilidae

体小至大型，体长 1～40 毫米，椭圆形至卵圆形，体流线形，体背隆凸，腹面扁平，背面一般光滑无毛，腹面一般具拒水毛被。头部背面一般具"Y"形缝；下颚须长丝状，与触角等长或更长；触角 7～9 节，末端 3 节特化，呈锤状。前胸背板多隆起，基部最宽。鞘翅具刻点行或沟纹，缘折发达。后胸腹板突明显。足具长毛。跗节多为 5 节。

328　钝刺腹牙甲
拉丁名：*Hydrochara affinis* (Sharp,1873)

体长 15～19 毫米。体宽卵形。背面隆起，体背面黑色。腹面红褐色至黑褐色中部色较深，触角和下颚须黄褐色，触角端锤暗黄褐色；足黄褐色，基节及腿节基部黑褐色；头部近方形；前胸背板近梯形，前、后缘略凹入，近两前角各具 1 近直凹，端部 1/3 中部两侧各具 1 斜凹，凹内及盘区基部 1/5～3/5 处两侧具刻点；前胸腹板脊状隆起，后端无长刺；腹刺略超后足基节，末端钝；鞘翅宽卵形，每翅具 4 条刻点列。

（五十二）龙虱科 Dytiscidae

体小至大型，体长 1～48 毫米。椭圆形至长卵形，体流线形，宽扁，背、腹面均略拱，体多青褐色至黑褐色。头短阔，部分隐藏于前胸背板下，触角 11 节，多数超过前胸背板后缘。前胸背板近梯形，基部最宽。腹部 8 节，可见节 6 节，第 2～4 节愈合。足较短，后足远离前、中足，特化为游泳足，腿节至胫节外侧具游泳毛；雄虫前足节膨大，下侧具黏性毛，分泌黏性物质吸住雌虫。成虫、幼虫均为捕食性昆虫，捕食昆虫幼虫、桡足类、介足类等节肢动物。

329　黄缘龙虱
拉丁名：*Cybister japonicus* Sharp ,1873

体型较大，体长 35～40 毫米。椭圆形，概形似牛眼。通体黑色，鞘翅侧缘黄色，黑色部闪绿辉；复眼位于头的后方，紧靠前胸前缘；前、中肢细小，后肢发达，侧扁如桨，被长毛，适于游泳。雌体色钝。雄体前跗节吸盘状。

（五十三）吉丁科 Buprestidae

体小至大型，体长 1.5～75 毫米。头部较小，下口式，触角 11 节，多为短锯齿状。前胸与体后部相接紧密，后角圆钝；前胸腹后突端部扁平，嵌入中胸腹板，前胸不能活动。鞘翅长，端部逐渐变窄。前、中足基节球状，后足基节横阔呈板状，跗节 5 节，第 1～4 节腹面具扁平膜质叶片。成虫多具亮丽光泽可用作装饰物。幼虫可蛀干为害，是果树、林木的主要害虫。

330 松四凹点吉丁虫
拉丁名：*Anthaxia quadripunctata* Linnaeus

体长 4.5～7 毫米。体黑色。复眼黑黄色，长圆形；头额顶平，无沟缝，表面褶皱呈不规则的五角形；胸部中间有一横列 4 个凹点，中间 2 个圆而深凹，两边的两个不甚规则，和侧缘的凹陷连接；小盾片长，半椭圆状；胸侧缘略呈弧形；鞘翅表面褶皱略呈鳞片状，端部圆钝，侧缘具细的小齿；腹部末端臀板外露。

331 沙蒿尖翅吉丁
拉丁名：*Sphenoptera sp.*

成虫 8～10 毫米。身体深褐色，有铜绿色金属光泽。头嵌入前胸，触角 11 节，锯齿状，位于额区，长及前足基节；复眼椭圆形，黑色，位于头的两侧，大而明显；鞘翅、头部、前胸背板及腹面密布刻点和绒毛，中胸小盾片很小，呈椭圆形；鞘翅铜绿色，翅端圆，后方狭尖，有 4 条纵脊，鞘翅上有纵条纹，条纹状的小脊上着生纵裂的微毛；后翅发达，能飞翔。

332　梨金缘吉丁
拉丁名：*Lamprodila limbata* (Gebler,1832)

体长 14.5 ～ 18 毫米。体翠绿色。前胸背板两侧和鞘翅侧缘红褐色，体具金属光泽；头部具皱状刻点；前胸背板具 5 条蓝黑色纵隆线，中间的 1 条粗而明显；小盾片近梯形；鞘翅基部至 3/5 处近平行，亚基部两侧略凹，端部 2/5 向末端渐变窄，末端平截，锯齿状；每翅具 8 条断续蓝黑色纵纹。

333　六星吉丁虫
拉丁名：*Chrysobothris succedanea* Saunders,1875

体长 9 ～ 14 毫米。长圆形。前钝后尖，深紫铜色，密布刻点，颜色红铜色，中央上方有 1 条横线，其下方凹陷；头顶及颜面密被细黄毛；触角铜绿色；小盾片三角形，翠绿色；鞘翅紫铜色，基部及中后方各有 3 个金色下陷的圆斑，外缘有不规则的小锯齿，翅面密布刻点，有 4 条纵脊；腹面翠绿色，足铜绿色，具光泽。

334　杨十斑吉丁
拉丁名：*Trachypteris picta decostigma* (Fabricius,1787)

体长 11.5 毫米。体深褐色。除鞘翅外，略带紫褐色光泽；触角弱锯齿状；头部及前胸背板刻点细密，前胸背板在中部最宽，后缘向后弧突，近侧缘具凹陷，表面前端 1/3 中部两侧具极小光滑区域；小盾片小，椭圆形；鞘翅前端 2/3 两侧近平行，端部 1/3 渐变窄，末端平截，翅面具 4 条纵线，每翅具黄色斑点 5 ～ 6 个，以 5 个居多。

335 杨锦纹吉丁
拉丁名：*Poecilonota variolosa*（Paykull,1799）

体长 15～20 毫米。体扁平。黑古铜色，具金属光泽。体密布黑色斑点；触角齿状，11 节；前胸背板有 1 条黑色中脊，两侧具短的纵斑，前胸腹板后端突起嵌入中胸腹板，腹面发紫铜色和蓝绿色金属光泽；小盾片较小，略呈椭圆形；每侧鞘翅上有 10 条纵条纹。

336 盐木吉丁虫
拉丁名：*Sphenoptera potanini* Jak

成虫橄榄形。蓝绿色或古铜色，有光泽。每鞘翅上有 10 条纵沟。

337 谢氏扁头吉丁虫
拉丁名：*Sphenoptera semenovi* Jak.

成虫橄榄形。红铜色，有光泽。每鞘翅上有 8 条纵沟。

甫氏扁头吉丁虫
拉丁名：*Sphenoptera potanini* Jak.

成虫橄榄形。蓝绿色，有光泽。每鞘翅上有 10 条纵沟。

（五十四）叩甲科 Elateridae

体多狭长，体色多暗。前胸后角突出呈刺状，前胸腹板前缘呈半圆形叶片状向前突出，后突狭尖，伸入中胸腹窝中，组成叩头和弹跳的关节。前足基节窝向后开放，中足基节较靠近，后足基节横阔，下方可容纳腿节，跗节5节，有时下方附有膜状叶片，爪镰刀状、带齿状或分裂为二。幼虫俗称金针虫，是重要的地下害虫，可为害多种农作物及林木。

褐梳爪叩甲
拉丁名：*Melanotus caudex* Lewis,

339

体长 8 ～ 10 毫米。黑褐色，被灰色短毛。头凸，刻点粗，唇基分裂；触角第2、第3节弱球形，第4～10节锯齿状；前胸背板长大于宽，后角尖，向后突出；小盾片舌形；鞘狭长，自中部向端部渐变尖，每侧具9行刻点沟，被灰短毛；足部跗节前4节依次渐短，爪梳状。

鞘翅目・Coleoptera

三、半翅目·Hemiptera

（五十五）蝽科 Pentatomidae

触角多为5节，少数种类4节。小盾片发达，多数为三角形，紧接前胸背板后方，盖在腹部背面，长度略过腹部的一半，但也有些种类的小盾片超过腹长的2/3，盖住整个腹部背板。

340	**蓝蝽** 拉丁名：*Zicrona caerula*（Linnaeus，1758）

体长6～9毫米。椭圆形。蓝黑色，有金属光泽。头宽；触角黑色；喙伸达中足基节；前胸背板中部具横缢，前侧缘光滑；小盾片末端钝，革片端缘直截，膜片黑褐色，具6条纵脉，超过腹部末端；前足胫节腹面近中部具1弯曲的小刺。

341	**小漠曼蝽** 拉丁名：*Desertomenida guadrimaculata* (Horyatn)

成虫体长6～9毫米。盾形。头、前胸背板及小盾片赭色，具同色粗刻点，有光泽；头短宽；前胸背板侧缘呈角状外突；足棕黄色。

342　二星蝽
拉丁名：*Eysacoris guttiger* (Thunberg, 1783)

体长 5.5 毫米。体褐色，密被黑褐色刻点。头部黑色；触角褐色，第 4 节 (除基部浅色) 和第 5 节黑褐色；喙黄褐色，端节黑色，伸过后足基节，达第 1 腹节中；小盾片两基角处各具玉白色斑；足黄褐色，具黑色点，腿节粗大，一些黑色点相连；腹部腹面黑色区域距气门较远，边缘分界不明确。

343　朝鲜果蝽
拉丁名：*Carpocoris coreanus* Distant

成虫体长 11 ～ 13 毫米。椭圆形。黄红色。触角 5 节，黑色，第 1 节短而粗，色淡；头部具 4 条纵向细小黑斑形成的粗纹；前胸背板侧角外突，黑色；小盾片三角形，棕黑色，末端色淡；前翅革质部红褐色，膜质部透明；足红褐色。

344　巴楚菜蝽
拉丁名：*Eurydema wilkinsi* Distant

体长 6.3 ～ 8.1 毫米。椭圆形。体青黄色。体背有微小刻点和蓝黑色花纹；触角 5 节，黑色；前胸背板四边黄白色，中间具黑斑，黑斑两侧延伸拐向两后角，其中央纵纹及两侧前后各 1 个大小斑皆为黄白色；小盾片中线至端部具一白色箭纹，两侧具钩状白纹，两纹弯至中部与箭纹相交，其余均为黑色；前翅革片内侧缘有黑色纵条，外侧近中部及末端各有 1 个小黑斑，内侧近中央处有 1 个不规则的大黑块，侧缘外露，黄黑相间；胸足跗节黑色，其余各节淡黄。

345 沙枣润蝽
拉丁名：*Rhaphigaster brevispina* Horváth,1889

体长 13.5～16 毫米。体长椭圆形。灰褐色或黑褐色。触角黑色，各节基半部黄褐色；小盾片近末端处两侧各具 1 个小黑斑，膜片浅白色，散布若干褐色小圆斑点；体密布刻点，头、前胸前侧缘、小盾片及前翅外缘的刻点为黑色，其余为浅色。

346 斑菜蝽
拉丁名：*Eurydema dominulus* (Scopoli,1763)

体长 6～7.5 毫米。椭圆形。橙黄色，具黑斑。头横宽，密布黑刻点，前缘和侧缘橘红色；触角黑色；喙伸达中足基节；前胸背板前缘凹入具黄白边，中部具橘红色斑，侧缘与后缘具橘红色边；小盾片具 1 大的三角形黑斑，近顶端处具 2 个黑斑，末端橘红色，革片黑色具 2 个橘红色斑，端部黄白色，膜片近黑色，边缘暗红；足腿节端部、胫节两端、跗节黑色，其余橙黄色。

347 横纹菜蝽
拉丁名：*Eurydema gebleri* Kolenati,1846

体长 5.5～6.5 毫米。椭圆形。头部黑色，前缘近黄色，边缘黄红；触角黑色；喙伸达中足基节间；前胸背板黄、橘红色，有大形黑斑 6 块，前 2 后 4；小盾片有 1 个大三角形黑斑，近端处两侧各有 1 个小黑斑，端部橘红色；革片黑色，末端具 1 个白色并夹杂黄色的斑，侧接缘全黄，腹下黄色，各节中央有 1 对黑斑，近边缘处每侧有 1 个黑斑；足黄色，具黑斑。

金绿真蝽
拉丁名：*Pentatoma metallifera* (Motschulsky，1859)

体长 17～24 毫米。金绿色。头部中叶与侧叶末端平齐，侧缘略上翘，前端具指状突；触角黑色；喙伸达第 2 腹节末端；前胸背板金绿色，前侧缘有明显的锯齿，前角尖锐，向前外方斜伸；小盾片末端钝圆，被稠密粗刻点，革片绿色，被绿刻点，膜片烟色，具 7～9 条纵脉；腹基突起短，伸达后足基节。

349

紫翅果蝽
拉丁名：*Carpocoris purpureipenis* (DeGeer,1773)

体长 11.5～12 毫米。体宽椭圆形。黄褐色至紫褐色。触角黑色，基节黄褐色；头部中部具 2 条黑色纵纹，侧叶外缘具黑边；前胸背板前半部具 4 条黑色纵带，侧角端部常为宽广的黑色；小盾片末端淡色；前翅膜片浅烟褐色，基内角具大黑斑，外缘端部呈 1 个黑斑；腹部侧接缘黄黑相间。

350

斑须蝽
拉丁名：*Dolycoris baccarum* (Linnaeus,1758)

体长 8～13 毫米。椭圆形。体色黄褐至黑褐色，体被细茸毛及黑色刻点；触角黑色，第 2～4 节的基部和末端、第 5 节基部淡黄色；前胸背板前侧缘常成淡白色边，后部暗红色；小盾片末端淡色，革片暗红褐色，侧接缘黄黑相间；足及腹下淡黄色。

半翅目 · Hemiptera

351　西北麦蝽
拉丁名：*Aelia sibirica* Reuter,1884

体长 9 ~ 10.5 毫米。长椭圆形。黄褐色；头顶中部具褐色纵纹，侧缘黑色；触角端部两节红褐色，其余黄白色；前胸背板侧缘黄白色，上翘，中部具明显的黄白色纵纹，纵纹两侧黄褐色；小盾片中纵线基半部明显，末端细，两侧暗褐色；革片沿淡色的外缘及径脉内侧有 1 淡黑色纵纹；足黄白色，腹节淡红褐色。

352　苍蝽
拉丁名：*Brachynema germarii*(Kolenati,1846)

体长 10.5 ~ 12 毫米。体绿色；头部侧叶略卷起，边缘青白色；触角第 1 ~ 3 节暗绿色，4、5 节褐色；喙伸达后足基节；前胸背板前侧缘略内凹，具较宽的白边，宽度一致；小盾片末端青白色，革片前缘大半部具青白色的宽边，膜片灰白色，脉细而多，侧接缘青白色，后侧角黑色；腹下淡黄白，密布灰绿色浅刻点；各腹节下方后侧角有 1 个小黑圆斑。

353　宽碧蝽
拉丁名：*Palomena viridissima*(Poda,1761)

体长 11 ~ 13.5 毫米。宽椭圆形，暗绿色。头黑色，顶端钝圆；触角黑褐色，第 5 节基部黄白色；喙伸达后足基节间；前胸背板侧角圆钝；小盾片末端黄白色，革片及侧接缘外缘为淡黄褐色，膜片烟褐色，透明；腿节外侧近端处有 1 个小黑点。

354	麻皮蝽 拉丁名：*Erthesina fullo* (Thunberg,1783)

体长 20.5 ～ 25 毫米。体宽大，
密布刻点，黑色。前胸背板、小
盾片和革片具不规则的小黄斑，
由头端至小盾片基部有 1 条黄色
细纵中线；喙伸达第 3 腹节末端；
前胸背板侧缘黄白色，胝黄白色，
后缘边黑色；小盾片基部两侧具
黄斑，末端黄白色，革片中央黄

褐色，膜片黑色；头侧缘、腹部各节侧接缘中央、触角末节基部、胫节中段及体背
若干散布的小斑点黄色。

（五十六）长蝽科 Lygaeidae

体小型至中型，体色灰暗，触角 4 节，具单眼。喙 4 节。前胸背板梯形，平坦
或向前倾斜，侧角多圆钝。前翅爪片远伸过小盾片末端，爪片接合缝长大，无楔片
缝及楔片。膜片上 5 根纵脉多数平行，相互间隔，多数种类膜片基部无横脉，亦无
翅室。

355	横带红长蝽 拉丁名：*Lygaeus equestris* (Linnaeus,1758)

体长 12 ～ 13.5 毫米。红色具
黑色斑。头顶红色，眼周围黑色；
触角黑褐色，各节末端略带红色；
喙伸达或接近后足基节；胸部侧
板每节各具 2 个黑的圆斑；前胸
背板前叶、中纵线向后的突出部
和后缘呈大的黑色斑；小盾片黑
色；前翅红，爪片中部具椭圆形
黑斑，端部黑褐色，革片中部具

不规则大黑斑，在爪片末端相连
成 1 条横带，膜片黑褐色，超过
腹部末端，革片端缘两端的斑点、中部的圆斑以及边缘均为白色。

半翅目 · Hemiptera

淡边地长蝽
拉丁名：*Panaorus adspersus* (Mulsant et Rey, 1852)

体长 6.8 毫米。触角黑色，第 2 节基半部及第 3 节基部黄褐色；前胸背板前叶黑色，后叶底色黄白色，具黑褐色刻点，侧缘全为淡黄白色；小盾片黑色，端半部具 "V" 形纹，黄白色，接近两侧缘；前翅革片顶角及前缘 3/5 处各有一小型黑褐色斑；足腿节黑色，胫节黑褐色，端部渐黑色。

（五十七）缘蝽科 Coreidae

体中至大型，宽扁或狭长，两侧缘略平行。多为褐色或绿色。触角 4 节，喙 4 节有单眼。前胸背板及足常有叶状突或尖角。中胸小盾片小，三角形，短于前翅爪片。前翅膜质部有多条分叉的纵脉，均出自基部一横脉上。足较长，有时后足腿节粗大，跗节 3 节。

357

亚姬缘蝽
拉丁名：*Corizus albomarginatus* (Blote)

体长 12～14 毫米。头顶红色，复眼周围黑色；触角黑色；前胸背板近梯形，前缘具长方形黑色横带，后缘具 4 个大黑斑；小盾片基部黑色，端部红色；前翅红，爪片黑色，近中部具小黑斑；革片中部具不规则大黑斑，在爪片末端相连成 1 条横带，膜片黑褐色，超过腹部末端；前胸及中胸腹板后缘亦为白色，腹部背面基部及最后 2 节黑色，中部红色。

亚蛛缘蝽

拉丁名：*Alydus zichyi* Horváth,1901

　　体长 10 ～ 13 毫米。黑褐色。被毛和刻点。触角第 1 ～ 3 节除端部黑色外，均为黄白色，第 4 节黑色；喙伸达中足基节；前胸背板梯形，被许多刻点和毛，中部具横凹，侧角突出；小盾片长三角形，黑色，末端黄色并向上翘起，革片淡棕色，膜片黄褐色；足腿节黑色，胫节端部黄白色。

点蜂缘蝽

拉丁名：*Riptortus pedestris* (Fabricius,1775)

　　体长 14.5 ～ 17 毫米。体狭长。黄褐色至黑褐色，密布白色短伏毛；前胸背板及前中、后胸侧板具颗粒状小突起；头大，近三角形；触角细长；前胸背板梯形，侧角突出呈尖齿状；小盾片三角形，末端白色；革片及爪片密布刻点，膜片具许多平行纵脉；腹部腹板黄褐色，散布黑褐色小刻点，中部具 1 个黑色大斑。

（五十八）红蝽科 Pyrrhocoridae

体中型，多为红色或黑色，前翅常具星状斑纹。触角 4 节，喙 4 节，跗节 3 节。体形与长蝽科相似，但无单眼，前翅膜片纵脉多于 5 条，膜质区基部有 4 条纵脉围成的 2～3 个大形翅室，并由此发出多条纵脉。

360	地红蝽
	拉丁名：*Pyrrhocoris tibialis* Stal,1874

体长 8.5～10 毫米。头黑色，头顶微具稀疏刻点；触角黑色；喙伸达中足基节；前胸背板前叶、侧缘黑色，背板前缘略凹，后缘在小盾片前向前凹入；小盾片黑色，爪片中央 1 列刻点与两侧缘的距离近等，淡黄褐至黄白色，革片前缘域有 1 列较整齐的黑刻点，内角处有 1 大的方形黑斑，斑后具 1 个小白斑，膜片黑，伸达腹端；各足除基节白色外，其余黑色。

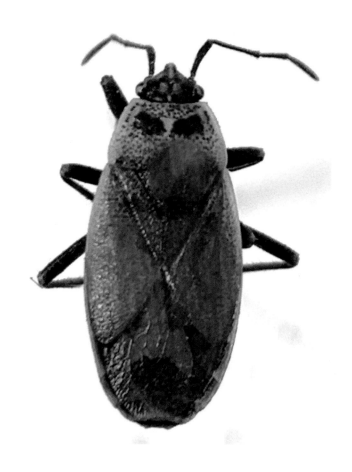

（五十九）猎蝽科 Reduviidae

体中至大型，头较小，头与前胸之间收缢成颈状。触角 4 节，具单眼。喙 3 节，粗短而弯曲，不能平贴于身体腹面，端部尖锐。前胸腹板两前足间具有 1 条横皱的纵沟，前胸背板由横凹分为两叶。前翅膜片基部有 2 ～ 3 个翅室，端部伸出 1 条纵脉。少数种类无翅。不少种类前足为捕捉足。

361	**伏刺猎蝽**
	拉丁名：*Reduvius testaceus* (Herrich–Schaeffer, 1845)

体长 15.5 ～ 18.5 毫米。淡褐色。前翅膜片外室、内室及内室后缘、革片基半部及端部、嗅片外翅室的周缘均为淡黄色；前胸背板前叶显著短于后叶，侧角间宽远大于前角间宽；前足胫节稍长于腿节；腹部腹面中央具脊。

362	**淡带荆猎蝽**
	拉丁名：*Acanthaspis cincticrus* Stal，1859

体长 13.5 ～ 16.5 毫米。黑色。体表被稀疏的毛。前胸背板横缢位于中部之前；各足具黄色花斑；革片具淡黄色纵带，膜片黑色，侧接缘基部淡黄褐色。

（六十）同蝽科 Acanthosomatidae

体通常椭圆形，多为黄褐色，具粗糙刻点。头三角形，单眼明显，触角5节（有少数4节的）。喙4节，末端黑色。前胸背板梯形，侧缘波曲，侧角通常延伸呈刺状、角状或强烈扩展呈翼状。小盾片发达，三角形，顶端窄缩。中胸腹板有1个纵隆脊，有时向前延伸，直达头的前端。第3腹节有1根腹刺，向前延伸与中胸隆脊相重叠。足跗节2节。

363
泛刺同蝽
拉丁名：*Acanthosoma spinicolle* Jakovlev, 1880

体长 13.5 ～ 17.5 毫米。宽椭圆形。灰黄绿色。前胸背板后缘、革片内域和爪片红棕色；头黄褐色具横皱纹和黑色刻点；触角第1、第2节暗褐色，第3、第4节红棕色，第5节末端棕色；喙黄绿色，末端黑色，伸达后足基节；前胸背板近前缘处有1条黄褐色横带，侧角延伸成短刺，棕红色，末端尖锐；小盾片中央具暗棕色斑，顶端延伸，黄白色，爪片棕褐色，革片外域深绿色，膜片浅棕色；腹部背面浅棕红色，各腹节后缘具黑色横带纹，侧接缘全部黄褐色；腹面和足黄褐色，跗节浅棕色。

（六十一）盾蝽科 Scutelleridae

小型至中大型。背面强烈圆隆，腹面平坦，卵圆形。许多种类有鲜艳的色彩和花斑。头多短宽。触角4或5节。小盾片极大，"U"形，能盖住整个腹部和前翅的绝大部分。前翅与体等长，膜片不能折回。臭腺发达。

| 364 | 绒盾蝽
拉丁名：*Irochrotus sibiricus* Kerzhner,1976 |

体长5～8.5毫米。椭圆形。灰褐色到黑褐色。密被黑色和白色长毛。头三角形，触角5节，黄褐色；喙伸达后足基节；前胸背板长方形，中部具深横沟，前、后缘直；小盾片大而隆起，达腹部末端；足黑褐色。

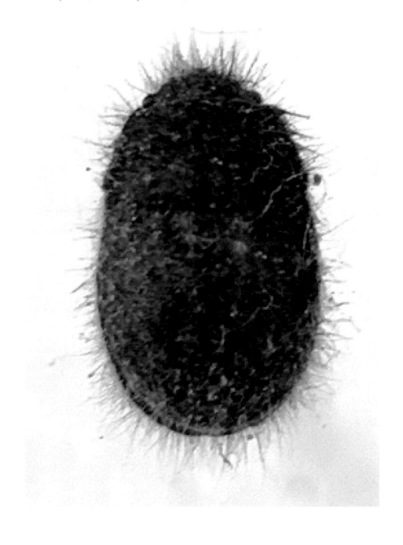

（六十二）姬蝽科 Nabidae

体小型，多褐色或灰色，少数为绿色或带有其他色彩。触角4节。喙4节，其长度超过前胸腹板。单眼有或无。前胸背板狭长，前部有横沟。翅常退化，发达的半鞘膜片上由4条纵脉形成2～3个长形闭室，并由它们分出一些短的分支。跗节3节，无垫。

365 淡色姬蝽
拉丁名：*Nabis palifer* Seidenstücker,1954

体长6.5～8毫米。体土黄色。被细短毛。触角4节，第1节粗，长于由眼后缘至头顶的距离；前胸背板近梯形，中部具1条深色纵带，横沟明显，前端两侧具云状纹，后半部有4～6条模糊的纵带；小盾片黑色，两侧具黄斑；前翅略超过腹部末端，半鞘翅黄褐色，散布褐色斑点；腹部淡色，侧缘具黑褐色纵纹，或至少基部黑色。

（六十三）盲蝽科 Miridae

体小型，稍扁平，触角 4 节，无单眼。前翅革质部分分为革片、爪片和楔片。膜区由翅脉在基部围成 2 个翅室。从侧面看，膜区与革区呈一角度。前胸背板梯形，前缘常以横沟划分出一狭窄的领圈。

366 牧草盲蝽
拉丁名：*Lygus pratensis*（Linnaeus,1758）

体狭长，6.5 ～ 10.0 毫米。活体绿色，干标本黄褐色。头顶中纵沟两侧各具 1 个黑色小斑；触角第 1 节黄褐色，第 2 节锈褐色，第 3、第 4 节黑褐色；喙可伸达中足基节末端；前胸背板前侧角可有 1 个小黑斑，后侧角有时具黑斑，两侧缘可具黑纵带，后缘具黑横带，中部具 2 条或 4 条黑纹，或消失；

小盾片只在基部中央具 1 ～ 2 条黑色短纵带，或为 1 对相互靠近的三角形小斑，爪片中部、革片末端斑块呈浅褐色，楔片基部外侧及末端黑褐色，膜片透明，皱状。

367 绿盲蝽
拉丁名：*Lygus lucorum* Meyer-Dür

体长 5 毫米。绿色。密被短毛。复眼黑色；触角 4 节，丝状，约为体长 2/3，从基部向端部色逐渐变深。前胸背板深绿色，有许多小黑点；小盾片三角形，黄绿色，中央具 1 条浅纵纹；足黄绿色，腿节末端、胫节色较深，后足腿节末端具褐色环斑。

半翅目 · Hemiptera

368 黑头苜蓿盲蝽
拉丁名：*Adelphocoris melanocephalus*

雄性体为狭椭圆形，雌性较宽短。污黄褐色。头锈褐至黑色。前胸背板前半及后体缘狭，横带黄褐至淡橙褐色，盘域后半大部黑色，呈宽横带状；小盾片平，污褐色，端角处色较淡；爪片、革片与缘片淡污褐色，膜片淡黑褐，脉黑褐。

369 西伯利亚草盲蝽
拉丁名：*Lygus sibirica* Bergroth,1914

体长 5 ～ 6.5 毫米。宽椭圆形。黄白色。额和头顶具黑纵纹；触角第 1 节腹面具 1 条黑纵带，第 2 节基部和端部黑色，第 3、4 节黑色；喙可伸达后足基节末端；前胸背板胝在外缘具 1 个黑斑，胝后有 1 ～ 2 对黑斑，后缘有时具黑斑，小盾片黄白色，具 3 ～ 4 条黑纵带，中部靠近，爪片两侧色深，革片具不规则黑斑，缘片外缘黑色，楔片端角黑色。

370 绿狭盲蝽
拉丁名：*Stenodema virens* (Linnaeus,1767)

体长 6.5 ～ 8.5 毫米。体狭长。活体绿色，标本黄褐色。头部复眼内侧黑色，前胸背板两侧经胝区各有 1 条深色纵带，半鞘翅爪片脉两侧与革片内半浅黑褐色，膜片烟色，翅脉浅黄褐色。

（六十四）黾蝽科 Gerridae

体长形或椭圆形，暗色而无光泽。体腹面覆细密的银白色短毛。无单眼。触角4节，明显伸出。喙4节，粗壮，不紧贴于头部腹面。前胸背板极为发达，向后延伸全部遮盖中胸背板。前翅质地均一，向端方渐薄，无明显膜片。跗节2节，端节裂成2叶，1对爪着生在裂隙的基部。

371 水黾
拉丁名：*Aquarium paludum* Fabricius,1794

体长9～12.5毫米。体近纺锤形，黑褐色，密被白色短毛。头顶具"V"形黄褐色斑；触角黄褐色，第4节粗大；前胸背板具横沟，侧角钝，不突出，侧缘具白色纹；侧接缘黄褐色；足黄褐色，前足腿节、中足胫节末端黑色。

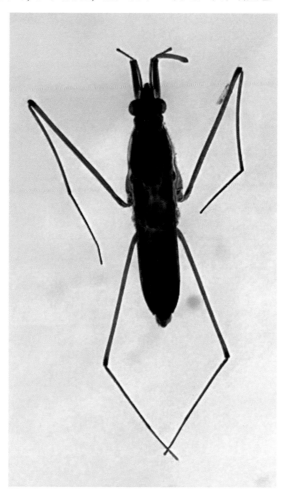

（六十五）划蝽科 Corixidae

体小至中型，长 2.5 ～ 15 毫米。体多狭长，两侧呈平行的流线型，在较浅的底色上具斑马式黑色横纹。头宽短，下口式，中胸小盾片常被前翅遮盖而不外露。前翅膜片发达，或仅翅端呈狭带，或全无。前足一般粗短，跗节 1 节，特化为匙状，具缘毛。后足特化为桨状游泳足，具缘毛，跗节 2 节。

372	克氏副划蝽
	拉丁名：*Paracorixa kiritshenkoi* (Lundblad,1933)

体长 7 ～ 7.5 毫米。头部黄色，复眼红褐色；前胸背板暗黄色，具 8 ～ 9 条暗横纹；前翅暗横纹窄于浅色纹，于爪片基部排列整齐，余部为蠕虫状横纹，爪片、革片的基部可见爪痕；前胸腹板中部黑色；足黄色，后足第 1 跗节端部和第 2 跗节基部有黑斑。雄成虫腹基部黑色。

373	罗氏原划蝽
	拉丁名：*Cymatia rogenhoferi* (Fieber, 1864)

体长 7.5 毫米左右。头部黄色，头顶色略深，复眼红褐色；前胸背板及鞘翅暗色，具椭圆形浅色斑；腹部腹面基部 2 节及端节黑褐色；足黄色，中足第 2 跗节末端黑色。头部宽短，喙无横沟；前胸侧叶突近三角形，末端圆滑，中胸后侧板窄于前胸侧叶突。前足跗节杆状，两侧具长毛；后足特化为桨状。

374 红烁划蝽
拉丁名：*Sigara lateralis* (Leach,1817)

体长 5～6 毫米。头部黄色，宽短，喙具横沟，复眼红褐色；前胸背板暗黄色，具 7～8 条暗横纹；前翅全为蠕虫状横纹，基部具黄色区；雄性前胸腹板及腹部腹板基部 3 节黑色；足黄色，第 2 跗节腹面黑色；前胸侧叶突狭长，端部近平截；中胸后侧板略窄于前胸侧叶突；后胸腹板突近端部变狭，末端锐角形，侧缘弧状。

（六十六）仰蝽科 Notonectidae

体狭长，向后渐狭尖，呈流线型。灰白色。体背面纵向隆起，呈船底状。腹部腹面下凹，有一纵中脊。后足游泳足。

375 黑纹仰蝽
拉丁名：*Notonecta chinensis* Fallou,1887

体长 13.5～15.5 毫米。体椭圆形，黄褐色。头顶黄褐色；复眼大，黑紫色；触角隐藏在复眼下方凹槽中；前胸背板宽于头部，黄褐色，后缘近黑色；小盾片三角形，黑色，革片红褐色，具横黑斑，膜片黑色；足黄褐色，胫节末端黑色，具刺，雄性中足腿节近端部有 1 根刺；腹部腹面褐色，中部具一脊。

半翅目 · Hemiptera

（六十七）蝉科 Cicadidae

中到大型。触角短，自头前方伸出。单眼3个，呈三角形排列。前足腿节膨大，下缘具刺。

376	赭斑蝉 拉丁名：*Cicadatra querula*（pall.）

成虫体长18.1～25.2毫米，翅长26～28毫米。体黄棕色。中、后胸背板具宽的纵向黑色斑块；前后翅近前缘的横脉具褐色斑。

377	梭梭蝉 拉丁名：*Cicadetta sinautipennis*（Osh.）

成虫体长16.1～20.1毫米，翅长19～21毫米。体黑色。前胸背板具1条纵行黑带；中胸背板具2条纵行宽黑带。

378	叶枝山蝉 拉丁名：*Leptopsalta yezoensis* (Mutsumura,1898)

体黑色，被短毛；头冠稍窄于中胸背板基部，腹部略与头胸部等长；头部黑色；前胸背板黑色，仅前、后缘有很窄的褐色横纹；中胸背板黑色，中央有1对黄褐斑点；前、后翅透明，后翅臀区周缘烟褐色，基膜红色或红黄色，后翅2A、3A脉两侧及臀区后缘烟褐色，足及体腹面黄褐色；

腹部黑色，第3～7腹节背板后缘黄褐色或红褐色。雄性尾节黑色，端刺尖，上叶锐角状突起，下叶中央角状突起，抱钩指状，向下弯曲。

（六十八）叶蝉科 Cicadellidae

体小至中型，体长3～15毫米。触角刚毛状，单眼2枚或无单眼。后足胫节具棱脊，棱脊上有刺列或刚毛列。

379 大青叶蝉
拉丁名：*Cicadella viridis* (Linnaeus,1758)

体长7～10毫米。体青绿色。头部浅褐色，两侧各有1组黄色横纹；触角窝上方与两单眼之间具1对黑斑；前胸背板前缘区淡黄绿色，后部大半深青绿色；小盾片中间横刻痕较短，不伸达边缘；前翅蓝绿色，前缘淡白色，端部透明，外缘具淡黑色狭边。

380 宽板叶蝉
拉丁名：*Parocerus laurifoliae* Vilbaste,1965

体长5.5～6毫米。体亮黄色。前胸背板中部褐色；小盾片基角斑雄虫黑色，雌虫红褐色；前翅近透明，前缘脉黄绿色；前足基节和腿节各有1个黑色斑点；头部宽于前胸背板，头冠中长度为复眼间宽度的1/5；前胸背板前缘弧圆突出，后缘略凹入；小盾片三角形，中部具"人"字形刻痕；前翅具4个端室，3个端前室。

（六十九）尖胸沫蝉科 Aphrophoridae

体小至中型,体色多为暗色,呈灰色或褐色。头部前端角状突出或突圆,单眼2枚。前胸背板前缘向前圆弧状或角状突出；小盾片三角形,短于前胸背板。后足胫节具2根粗刺。

381 二点尖胸沫蝉
拉丁名：*Aphrophora bipunctata* Melichar, 1902

体长 10 ～ 10.5 毫米。体黄褐色杂黑褐色斑,略带青褐色。体背具明显中纵脊；头部前方突出,刻点窝内红褐色或黑褐色；单眼2枚,红色；复眼黑褐色；前胸背板青褐色,胝区黄褐色,胝区后方呈网皱状；小盾片近三角形,黄褐色,中部较暗；前翅黑褐色,前缘基部黄色,向外侧略呈蜡白色。

四、螳螂目 · Mantodea

（七十）螳科 Mantidae

头三角形且活动自如；前足腿节和胫节有利刺，胫节镰刀状，常向腿节折叠，形成可以捕捉猎物的前足；前翅皮质，为覆翅，缺前缘域，后翅膜质，臀域发达，扇状，休息时叠于背上；腹部肥大。

382 薄翅螳螂
拉丁名：*Mantis religiosa* Linnaeus，1758

体通常呈绿色或绿黄色，也有完全淡褐色。前足基节内侧基部具一个环形的黑斑，中心橙黄色或灰白色。绿色型的雌性前翅为鲜绿色；雄性前缘区淡绿色，其余为略带透明的淡褐色。

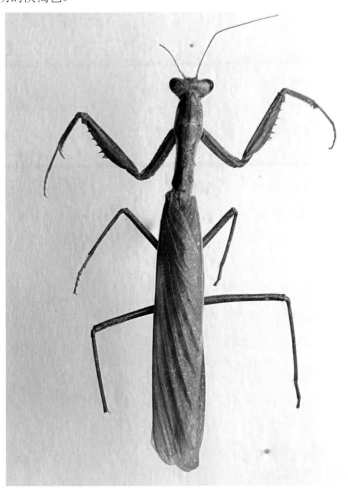

五、直翅目·Orthoptera

（七十一）剑角蝗科 Acrididae

体型较大，粗短至细长，大多侧扁。头部侧观为钝锥形或长锥形，头顶侧缘至头侧窝发达，不明显或缺。复眼较大，位近顶端，而远离基部。触角剑状，基部各节较宽，其宽较大于长，向顶端明显趋狭。前胸背板具或不具侧隆线。前胸腹板具或不具前胸腹板突。前翅发达，或呈鳞片状。后足股节上基片长于下基片，外侧具羽状纹。

383 中华剑角蝗
拉丁名：*Acrida cinerea*

体绿色或褐色。绿色个体在复眼后、前胸背板侧面上部、前翅肘脉域具淡红色纵条；褐色个体前翅中脉域具黑色纵条，中闰脉处具1列淡色短条纹。后翅淡绿色。后足股节和胫节绿色或褐色。

（七十二）斑翅蝗科 Oedipodidae

头大而粗。触角丝状。前胸背板无侧隆线或部分较弱，中隆线明显，有时颇高，呈片状。前胸腹板平坦，无隆起或突起。前、后翅发达，后翅具明显色斑。后足股节上基片长于下基片，股节外侧上、下隆线具羽状平行隆线。后足胫节端部无外端刺。

384 红翅皱膝蝗
拉丁名：*Angaracris rhodopa*(Fischer-Walheim)

体浅绿或黄褐色，上具细碎褐色斑点。绿色个体的头、胸及前翅均为绿色，腹部褐色；后足股节外侧黄绿色，具不太明显的3个暗色横斑，内侧橙红，具黑色斑2个，近端部具一黄色膝前环，外侧上膝侧片褐色，内侧黑色；后足胫节橙红色或黄色；后翅基部红色，其余部分透明，第2翅叶的第1纵脉粗、黑，轭脉在基部红色。

直翅目·Orthoptera

黑翅疤蝗
拉丁名：*Bryodema nigroptera* Zheng er Gow

体暗褐色，具细小暗色斑点。后头部具 2 条暗褐色纵纹，在后头部无暗蓝色；后翅全部暗黑色，在基部略带蓝色，具有较粗的黑色纵脉，雌性后翅较雄性为淡，顶端略淡，其余部分全黑色；后足股节内侧和下侧的内缘黑色，近端部有 1 个黄褐色膝前环，内外膝侧片暗褐色；后足胫节内侧和上侧暗蓝紫色，外侧暗褐色。

386 科式疤蝗
拉丁名：*Bryodema kozlovi* Bei-Bienko

体淡灰褐色或暗褐色。后翅基部红色，其余部分黑色；后足股节外侧暗褐色，内侧、下侧黑色，具红色膝前环，膝内侧黑色；后足胫节蓝黑色。

387 大胫刺蝗
拉丁名：*Compsorhipis davidiana* (Saussure)

体暗褐色、褐色或黑褐色。前翅具有 3 个黑色横斑；后翅大部为黑色轮纹，宽度甚宽于前翅宽，基部玫瑰色，较小，与黑色轮纹的内缘无明显的分界，横脉黑色，近翅端为淡色；后足股节外侧

具 2 个不明显的黑色横斑，内侧黑色，端部黄色；后足胫节外侧黄色或淡橘红色。

388　黄胫异痂蝗
拉丁名：*Bryodemella holdereri holdereri* (Krauss)

体黄褐色。前翅散布暗色斑点，后翅端部本色透明，第 1 臀叶基半部暗色，从第 2 臀叶起主要纵脉中段加粗，部分鲜红色；后足股节上侧具 3 个暗色斑纹，近基部斑纹较弱，有时消失，内侧和底侧黑色，近端部处具 1 条淡色斑纹，外侧上、下隆线均具黑色小点；后足胫节黄色。

389　黑翅束劲蝗
拉丁名：*Sphingonotus obscuratus latissimus* Uvarov

体灰褐色。前翅基部 1/3 和中部具暗褐色斑纹带；后翅基部淡蓝色，其余为较宽的、到达内缘的暗色横纹带，顶端为 2 个不相连的暗色斑块；后足股节内侧蓝黑色，顶端淡色；后足胫节污蓝色或蓝色。

390　宁夏束颈蝗
拉丁名：*Sphingonotus ningsianus* Zheng et Gow

体黄褐到灰褐色，具明显的黑褐色斑点。前翅具 2 条明显的黑褐色横纹，其中基部一个较大而宽，中部一个较小；后翅基部无色，不具暗色横纹带，主纵脉黑色；后足股节外侧黄褐色，具 2 条暗色横纹带，内侧黑褐色，具 2 个淡色斑纹，顶端褐色；后足胫节淡黄色，基部黑色，近1/3 处具 1 个不明显的暗纹带；后足跗节淡黄色。

亚洲小车蝗
拉丁名：*Oedaleus decorus asiaticus* Bey-bienko

体常黄绿色。有些类型暗褐色或在颜面、颊、前胸背板、前翅基部及后足股节处带绿斑；前胸背板"X"形淡色纹明显，在沟前区几等宽于沟后区，前端的条纹侧面微向下倾斜；前翅基半具大块黑斑2～3个，端半具细碎不明显的褐色斑；后翅基部淡黄绿色，中部具较狭的暗色横带，且在第1臀脉处断裂，横带距翅外缘较远，远不到达后缘，端部有数块较不明显的淡褐色斑块，后足股节顶端黑色，上侧和内侧具3个黑斑；后足胫节红色，基部淡黄褐色环不明显，在背侧常混杂红色。

（七十三）槌角蝗科 Gomphoceridae

体中型或小型。头顶前端中央无细沟。触角棒状或槌状，其端部触角节的宽带明显大于中段触角节的宽度，或端部触角节略膨大。前、后翅发达或短缩，侧置。后足股节上基片长于下基片，外侧中区具羽状隆线。后足胫节末端无外端刺。

李氏大足蝗
拉丁名：*Aeropus licenti* Chang

体黄褐、褐或暗色，尚有混杂绿色。触角黄褐色，端部暗褐色；前胸背板侧隆线黑褐色，侧片的下缘和后缘色较淡；前翅黄褐色或褐色；后足股节膝部黑色，股节上侧常有2个不明显的暗色横斑，内侧基部具一黑色斜纹，雄性底侧常橙黄色；后足胫节橙红色，基部黑色。

（七十四）癞蝗科 Pamphagidae

体中小型到中大型，表面密具粗糙的颗粒状突起。头部大而短于前胸背板。颜面隆起明显，具纵沟。触角丝状。复眼近圆形。前胸背板背面呈鸡冠形或屋脊形；前胸背板平坦，前缘具片状突起或不具突起。前、后翅发达、短缩、鳞片状或退化消失。后足胫节具有或不具外端刺。

贺兰疙蝗
拉丁名：*Pseudotmethis alashanicus* Bei-Bienko

体灰褐色，较暗。腹面淡色。雄性后翅外缘具较弱而狭的暗色带状横纹，基部黄色；后足股节内侧（包括上、下两隆线的外缘部分）均呈蓝黑色，近端部约 1/4 部分淡红色，下膝侧片红色，上膝侧片通常暗色，股节底侧淡色；后足胫节内侧基部红色，往下为蓝黑色，端部约 1/3 又为红色。

（七十五）斑腿蝗科 Catantopidae

体小型到大型，头顶前端中央缺细纵沟。颜面垂直，少数略倾斜。触角丝状。前胸背板通常具有明显的中隆线，一般较低，有时也颇隆起，两侧具或不具平行的侧隆线，前胸腹板突明显，呈圆锥形、圆柱形或片状。前、后翅均发达，或短缩退化。后翅透明，有某些种类常染有玫瑰色。后足胫节具或不具外端刺。

| 394 | **短星翅蝗**
拉丁名：*Calliptamus abbreviatus* Ikonnikov |

体褐色或黑褐色。前翅具有许多黑色小斑点；后翅本色（个别体红色）后足股节内侧红色，具 2 条不完整的黑纹带，基部有不明显的黑斑点；后足胫节红色。

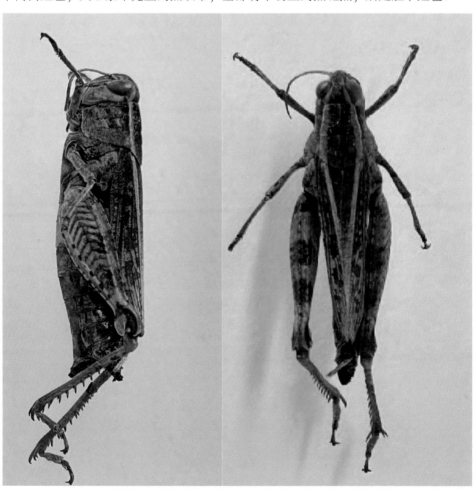

（七十六）网翅蝗科 Arcypteridae

体中小型。头部呈圆锥形，头顶前缘无细纵沟。触角丝状。前胸背板通常平坦，有时具细刻点或短隆；前缘较平直，后缘圆弧形，钝角形突出，有些种类的后缘中央凹陷；中隆线较低，侧隆线发达或不发达。前、后翅发达，缩短或消失；后翅通常本色透明，有时也呈暗褐色，但决不具彩色斑纹。后足股节外侧上、下隆线之间具羽状平行隆线。后足胫节端部无外端刺。

395	宽翅曲背蝗
	拉丁名：*Pararcyptera microptera meridionalis* (Ikonnikov)

体黄褐色、褐或黑褐色。头部背面有黑色"八"形纹；前胸背板侧隆线呈黄白色"X"形纹；前翅具细碎黑色斑点：前缘脉域具较宽的黄白色纵纹；后足股节黄褐色，具3个暗色横斑，雄性后足股节底侧橙红色，内、外膝侧片黑色，雌性内、外膝侧片黄白色；后足股节橙红色，近基部具淡色环。

396	细距蝗
	拉丁名：*Leptopternis gracilis* (Eversmann)

体淡黄色。具有褐色或黑色斑点和条纹；后足股节内侧为淡色，上侧具2个褐色斑点；后足胫节为淡色；头、前胸背板和前翅具褐色斑点和纵条纹。

直翅目·Orthoptera

黑翅牧草蝗
拉丁名：*Omocestus nigripennus* Zheng，1993

体黑褐色。小颚须及下唇须黑褐色，前胸背板侧隆线处具黑色纵纹，后翅黑褐色，后足股节下侧红色，后足胫节黑褐色，腹部红色。

红腹牧草蝗
拉丁名：*Omocestus haemorrhoidalis* (Charpentier)

体黄褐色、黑褐色或绿褐色。雄性前胸背板侧隆线前半段外侧及后半段内侧具黑色带纹；后足股节内侧、底侧黄褐色，末端褐色；后足胫节黑褐色，腹部背面和底面红色；前翅中脉域具黑褐色大斑点数个；后翅顶暗色。雌性腹部底面红色，余相似于雄性。

（七十七）螽蟖科 Tettigoniidae

成虫的身体呈扁或圆柱形，颜色多呈绿或褐色。触角一般长于身体。翅发达、不发达或消失。雄性有翅，个体在前翅附近有发音器，通过左右两翅摩擦而发音。前足在胫节基部有听器。后足腿节发达，有 4 节跗节。产卵器呈剑状或镰刀状。

399	阿拉善懒螽
	拉丁名：*Mongolodectes alashanicus* Bey−Bienko,1951

雄成虫体长 24 ～ 27 毫米。黄褐色或黄绿色。前胸背板下方有鸣翅 1 对，颇小；腹部粗宽，背面密布深褐色小点，淡色背线 5 条，形成 5 条浓淡不一的宽纵带；腹面淡褐色；前胸腹板前缘两侧有 1 尖刺；各足基节上缘生有短齿 1 对。雌成虫体长 33 ～ 37 毫米，产卵器长 28 毫米，黄褐色或草绿色。腹部肥大，密布深色小点；背面有 5 条纵带，腹面淡色，每节两侧各有 1 个弯形黑斑；尾须淡色，长圆锥形，下生殖板后缘弧形，中央有浅凹。余同雄成虫。

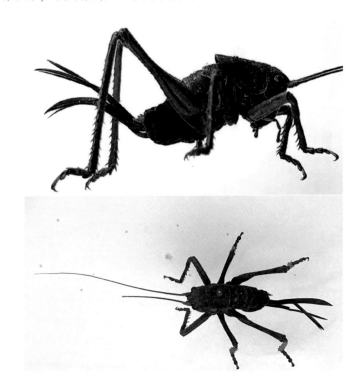

（七十八）蟋蟀科 Gryllidae

中小型。黄褐色至黑褐色。头圆，胸宽，触角细长。咀嚼式口器。有的大颚发达。各足跗节3节。后足发达，善跳跃；前足胫节上的听器，外侧大于内侧。产卵器外露，针状或矛状，由2对管瓣组成。雄、雌腹端均有尾毛1对。雄腹端有短杆状腹刺1对。雄虫前翅上有发音器。前翅举起，左右摩擦震动发音镜，发出音调。

400 银川油葫芦
拉丁名：*Teleogryllus infernalis* (Saussure, 1877)

雌体长14.5～25毫米，雄为12.5～22.5毫米。体褐色至黑褐色。头黑色，口器褐色或黑褐色；触角窝上方具黄色眉状斑1对；前胸背板长，全部黑色，侧叶前下角色浅；前翅Sc脉具多条分支，雄性前翅具4条斜脉，镜膜内具分脉，端域发达；足黑褐色至黑色，后足股节较粗，胫节具背距；产卵瓣较长，矛状。

（七十九）蝼蛄科 Gryllotalpidae

　　头小，圆锥形。复眼小而突出，单眼 2 个。前胸背板椭圆形，背面隆起如盾，两侧向下伸展，几乎把前足基节包起。前足特化为粗短结构，基节特短宽，腿节略弯，片状，胫节很短，三角形，具强端刺，便于开掘。内侧有 1 裂缝为听器。前翅短，雄虫能鸣，发音镜不完善，仅以对角线脉和斜脉为界，形成长三角形室；端网区小，雌虫产卵器退化。

401	华北蝼蛄
	拉丁名：*Gryllotalpa unispina* Saussure,1874

　　雌成虫体长 45 ～ 50 毫米，雄成虫体长 39 ～ 40.5 毫米。头圆锥形，触角丝状。体黄褐至暗褐色，前胸背板中央有心脏形红色斑点；前翅较短，仅达腹部中部，后翅扇形，较长，超过腹部末端；腹末具 1 对尾须；前足为开掘足，后足胫节背侧内缘有棘 1 个或消失；腹部近圆筒形，背面黑褐色，腹面黄褐色。

六、膜翅目·Hymenoptera

（八十）树蜂科 Siricidae

体大型，产卵管伸出，肩板微小。触角鞭状，17～30节，第1节长，弯曲，至少与第3节等长。前胸背板后缘高度凹入。中胸不横分，盾片每边分出1个侧叶。前翅翅端膜有皱纹并有1个大端附室。胫节无端前刺，前胫节只有1个端距。腹部圆筒形，第1节基部收缩，第1节中间分开，末节有1个角突。

402 泰加大树蜂
拉丁名：*Urocerus gigas taiganus* Benson

成虫黑色。雌虫触角、眼后区、颊、第1腹节背板后半部，第2、第7、第8腹节背板、胫节、跗节均橘黄色；产卵器针状，有鞘。雄虫体长19～31毫米，体色与雌虫近似，但触角柄节黑色，其余各节红褐色。

403 柳黄斑树蜂
拉丁名：*Tremex sp*

体筒形，黄褐色并具有黑斑。雌成虫体长约27毫米；胸部密被细绒毛，有细颗粒状突起，前胸背板褐色；盾片横椭圆形隆起，褐色，有3条黑色纵纹，三角片褐色，小盾片黑色；翅茶褐色，透明，中央部分黄色；

雌蜂　　　　　　　雄蜂

腹部背面第1节黄褐色，后缘及背中有淡褐色纹，第2节后半部黑色，前半部黄褐色，第3至第6节大部分黑色，仅前缘及两侧方黄褐色，第7节倒马蹄形，前半部黄褐色，后半部黑色，第8节前半部黑色，后半部黄褐色，后方中央有横椭圆形凹陷，中部有脊，末节黄褐色，端部锥状，两侧有细刺；产卵管黑褐色，产卵管鞘黄褐色。雄成虫体长约20毫米；全体黑褐色，有光泽。

（八十一）胡蜂科 Vespidae

体中至大型，社会性昆虫。体多黑色，具黄色或红色斑。触角雌蜂 12 节，雄蜂 13 节。胸部与腹部近等宽，前胸背板向后伸至翅基片；停息时翅纵褶。腹部第 1 背板和腹板部分愈合，背板搭叠在腹板上。

404 中华长脚胡蜂
拉丁名：*Polistes chinesis antennalis* Perez, 1905

雌蜂体长 16 毫米。体黑色，具黄斑。胸部刻点浅，前胸有"π"形黄斑；小盾片和后小盾片各有 2 个黄斑，并胸腹节有 2 条黄色纵纹；翅浅褐色，前缘深褐色，翅脉黑褐色，肩板黄色；足红褐色，基节、转节及腿节基半部黑色，前足第 1 跗节下方具 1 梳角器，中后足胫节端距各 1 对。腹部各节背板后缘黄色，第 1、第 2 节两侧各有 2 个黄斑。雄蜂较雌蜂小。

405 朝鲜黄胡蜂
拉丁名：*Vespula koreensis koreensis* (Radoszkowski, 1887)

雌蜂体长约 14 毫米。前胸背板黑色，靠近黑色中胸背板处黄色；小盾片黑色，两侧有黄斑，后小盾片黑色，沿基部边缘黄色，并胸节黑色，两侧有 1 块大黄斑，中胸侧板黑色，上部有 1 块黄斑，后胸侧板黑色；翅基片棕色，内缘黄色；腹部第 1 节背板前截面黑或棕色，背面端缘黄色，余为黑色，腹板黑色，第 2～5 节背板黑色，端缘黄色，各腹板颜色同背板，但每节两侧略呈棕色，第 6 节黄色。雄蜂腹部 7 节。

膜翅目·Hymenoptera

406 北方黄胡蜂
拉丁名：*Vespula ruta* (Linnaeus,1758)

雌蜂体长约 14 毫米。头部黑色。前胸背板黑色，靠近中胸背板处黄色，中胸背板黑色，小盾片黑色，两侧有黄斑，后小盾片黑色，并胸腹节黑色，中胸侧板黑色，上部有 1 块黄斑，后胸侧板黑色，翅基片中央棕色，周缘黄色，均覆黑色毛；腹部第 1 节背板中央黑色，前缘及端缘有黄斑，腹板黑色，第 2 节背板基部黑色，两侧及端部黄色，第 3 ～ 5 节背板黑色，端缘黄色，第 2 ～ 5 节腹板黑色，端缘黄色。第 6 节背、腹板黑色，两侧黄色。雄蜂腹部 7 节。

407 普通黄胡蜂
拉丁名：*Vespula vulgaris* (Linnaeus,1758)

体长 13 ～ 16 毫米。雌蜂体黄色；额顶黑色；前胸背板黑色，沿中胸背板侧缘两侧各具 1 个黄色条斑，两肩角可见，圆形；中胸背板黑色，被黑色长毛；小盾片及后小盾片前缘两侧各有 1 个黄斑，并胸腹节黑色；翅基片黄褐色，后缘黄色，翅棕色，前翅前缘色略深；腹部第 1 背板黑色，后缘具 1 条中部有凹陷的黄色带，第 2 ～ 5 背板基部黑色，端部具黄色波状横带，前缘具 3 个凹陷，各节背板被金黄色毛，杂黑色短毛；第 2 ～ 5 腹板黑色，端缘具 1 条黄色波状带。雄性与雌性相似。

膜翅目·Hymenoptera

（八十二）蜜蜂科 Apidae

体小至大型，长 2 ～ 39 毫米。体表常被绒毛或由绒毛组成的毛带。下唇须第 1 节扁，等于或长于第 2 节；盔节须后部长于须前部；中唇舌端部具唇瓣；上唇一般宽大于长；唇基表面正常或隆起；无亚触角区。中胸侧板具窝缝但无前侧缝。前翅亚缘室 2 ～ 3 个，后翅具臀叶，常有轭叶。后足胫节一般具胫基板，多数雌性后足胫节及基跗节着生长毛，构成采粉器。腹部可见节雌性 6 节，雄性 7 节。

---

408 黑颚条蜂
拉丁名：*Anthophora melanognatha* Cockerell,1911

体长：雌性 16 ～ 17 毫米，雄性 13 ～ 14 毫米。雌性体黑色；翅透明，翅脉红褐色；头部及胸部被灰白色毛，杂黑褐色毛；腹部第 1 ～ 4 背板端缘具白毛带，第 1 ～ 3 背板被灰白色毛，第 2 背板端半部及第 3 背板杂灰褐色毛，第 4 背板主要被灰褐色毛杂灰白色毛，第 5 背板主要被黑褐色毛，两侧被灰白色毛；腹部第 1 ～ 3 腹板后缘具灰白色毛，第

4 ～ 5 腹板后缘具红褐色及灰白色毛；前足腿节及胫节外侧具黄色长毛；中足及后足胫节及跗节外侧被金黄色毛，内侧毛黑褐色。

---

409 北京回条蜂
拉丁名：*Habropoda pekinensis* Cockerell，1911

体长 17 毫米。体黑色。翅透明，翅脉褐色；头部（除颊被白长毛）、胸部及腹部第 1 节密被黄色长毛；足被黄毛，后足胫节及基跗节毛刷红黄色；腹部第 1 ～ 4 背板具白色宽毛带；第 5 节端缘及臀板两侧被红黄色毛。

（八十三）地蜂科 Andrenidae

体小至中型。下唇须各节相似或仅第 1 节长且扁，中唇舌尖，亚触角区被触角窝下面的两条亚触角沟所限，复眼上缘具凹窝。足胫节至基跗节大部分具花粉刷。雌性及大部分雄性具明显的臀区。

410 灰地蜂
拉丁名：*Andrena(Melandrena) cineraria* (Linnaeus, 1758)

体长 14.5 毫米。雌性体黑色；前翅烟褐色，透明，后翅透明，翅脉黑褐色；胸部背面被白色毛，胸部背板在两前翅之间的毛带黑色，中胸侧板上部被毛白色，下侧烟褐色；足被毛黑色，前足腿节腹侧被毛白色；腹部背板近光滑，具蓝色光泽，端部基节后缘具黑色毛，腹部腹板被黑色毛，第 1～4 节后缘具黑色毛带。雄性与雌性的区别：胸部被毛全部白色。

膜翅目·Hymenoptera

（八十四）泥蜂科 Sphecidae

体多光滑裸露，稀被毛。上颚通常发达，雌性触角 12 节，雄性 13 节。中胸一般发达，背面具纵沟。前翅翅脉发达，具数个闭室，亚缘室 2~3 个。腹部具柄或无柄。

411 耙掌泥蜂
拉丁名：*Palmodes occitanicus* (Lepeletier et Serville,1828)

雌虫体长 19 ～ 28 毫米；体黑色；有黑色长毛；触角第 1 节具鬃；前胸背板和中胸盾片具分散的刻点，中胸侧板具横皱，小盾片中央微凹，后胸背板具横皱；并胸腹节背区密被横皱和白色微毛，中央具 1 条弱脊侧区粗斜皱，端区具横皱和 1 中凹；翅褐色，端部深褐；腹部第 1 ～ 3 节红色，末节具长鬃。雄虫体长 19 ～ 25 毫米；中胸盾片侧板具网状皱；腹部仅第 1 节基部红色，各节端缘褐色；其余特征同雌虫。

412 齿爪长足泥蜂齿爪亚种
拉丁名：*Podalonia affinis affinis* (W. Kirby,1798)

雌虫体长 15 ～ 20 毫米；体黑色；中胸盾片具小刻点，侧板具密的横皱，皱间具刻点；小盾片及并胸膜节背区具细密横皱，侧区具粗斜皱；翅褐色透明；跗爪内缘基部具 1 齿；腹部第 2 ～ 3 节红色。雄虫体长 12 ～ 16 毫米；上颚小，唇基端缘微凹；中胸侧板具粗大而密的刻；腹部第 2 节背板具黑斑，第 3 节端缘黑色；其余特征同雌虫。

壁泥蜂
拉丁名：*Sceliphron curvatum* (Smith, 1870)

体长 13 ～ 16 毫米。体黑色具黄斑。触角第 1 节背缘具 1 个斑，前胸背板，后小盾片，前、中足腿节端部，胫节全部，后足转节，腿节基部和胫节端部及跗节黄色；前胸背板和中胸盾片密被细横皱纹，侧板具小刻点，小盾片具纵皱，并胸腹节背区、侧区及端区具细密的横皱，背区具 "U" 形脊，腹柄直，黑色，腹部第 2 节黄色，中部具 2 个黑斑，第 3、第 4 节后缘具黄色带，5 节以后大部分黄色；翅淡褐透明，翅脉淡褐色。

黄柄壁泥蜂黄柄亚种
拉丁名：*Sceliphron madraspatanum madraspatanum* (Fabricius, 1781)

雌性虫体长 15 ～ 18 毫米。体黑色具黄斑。前胸背板和中胸盾片密被细横皱纹，小盾片具纵皱；并胸腹节具细密横皱，背区具 "U" 形脊，腹柄直，腹部背板具极细的纵纹；翅淡褐透明，翅脉淡褐色。雄虫体长 13 ～ 18 毫米。额和唇基被银白色毛；胸部背板稀被褐色长毛；唇基端缘具宽齿突，中央呈三角形凹陷。其余特征同雌虫。

膜翅目 · Hymenoptera

（八十五）姬蜂科 Ichneumonidae

翅发达，偶有无翅型和短翅型。前翅前缘脉和亚前缘脉愈合，具翅痣，肘脉基段消失而第1肘室和第1盘室合并为盘肘室，有第2回脉。腹部基部缩缢，具柄或略呈柄状；腹部，细长，圆筒形、卵形、扁平、侧扁都有，但腹面膜质，死后有一中纵褶。产卵管长短不等，寄生于木材中天牛或树蜂的种类，自腹部腹面末端之前伸出。

415 舞毒蛾黑瘤姬蜂
拉丁名：*Coccygomimus disparis* (Viereck,1911)

体长 9 ～ 18 毫米。体黑色，密布刻点和白色细毛；触角梗节端部赤褐色，雄蜂触角第6、第7鞭节具角下瘤；并胸腹节刻点粗，在两侧近于网状细皱纹，基部具 2 条短中纵脊，纵脊之后多横皱；雌蜂前足第 4 跗节端部缺刻深；前、中足腿节，胫节及跗节，后足腿节赤褐色；翅基片黄色、翅脉及翅痣黑褐色，翅痣两端角黄色；腹部各背板后缘光滑而无刻点，第 1 背板背中脊细而不明显，第 2、第 3 背板折缘狭，第 4、第 5 背板折缘稍宽。

416 夜蛾瘦姬蜂
拉丁名：*Ophion luteus* (Linnaeus,1758)

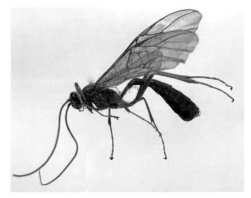

前翅长 15 ～ 17 毫米。体黄褐色。中胸背板自翅基片有伸向小盾片的隆脊，中胸盾片、盾纵沟及外侧有黄色细纵条纹；并胸腹节基横脊明显，端横脊中段消失；翅痣黄褐色，翅脉深褐色至黄褐色；基区稍凹陷，无小翅室，第 2 回脉在肘间脉基方，第 2 回脉上半部及肘脉内段有 1 处中断，第 2 盘室近于梯形，翅痣下方的中盘肘室有 1 小块无毛；腹部第 1 腹节柄状，气门位于端部 2/5 处。

417 卡黑茧姬蜂
拉丁名：*Exetastes adpressorius karafutonis* Uchida,1928

体长 7.5 ～ 8.5 毫米。头、胸部黑色；触角鞭节第 9 ～ 15 节背面黄白色，唇基端半部红褐色；足基节、转节黑色，腿节至跗节红褐色，后足胫节端部，跗节第 1、第 2 及第 5 节黑色，第 3 ～ 4 节白色；中胸盾片具细密刻点，并胸腹节具不规则网状皱；翅褐色透明，小翅室四边形，第 1 肘间横脉略短于第 2 肘间横脉；腹部第 1 节柄状，自基部向端部渐变宽，气门位于背板中部。

418 地蚕大铗姬蜂
拉丁名：*Eutanyacra picta* (Schrank, 1776)

体长 14 ～ 16 毫米。体黑色。小盾片、翅基片及翅基下脊白色；触角基半赤黄色；足大部分黄赤色，基节、转节、后足腿节端半部和后足胫节端部黑色；腹部第 2 背板除后缘横带（有时无）、第 3 背板除前缘及后缘横带赤黄色，第 5 ～ 8 或第 6 ～ 8 节后缘淡蓝白色。雄蜂头的眼眶白色；后足腿节仅端部黑色。

419 缘长腹土蜂
拉丁名：*Campsomeris marginella* (Klug, 1810)

体长 13 ～ 15 毫米。雄蜂黑色，披白色长毛，黄斑位于唇基两侧、前胸背板肩角小盾片（中央收益）、后胸背板、腹部第 1 ～ 5 节后缘（第 2 ～ 3 节后缘带宽，并在中央向后深凹）。雌蜂黑色，无黄斑。

膜翅目 · Hymenoptera

（八十六）方头泥蜂科 Crabronidae

体小至中型，体长 2 ～ 30 毫米。头方形；中胸盾片盾纵沟短或无；前足跗节具或无耙；腹柄完全由背腹板共同围成，若由腹板 I 围合而成，则后翅轭叶很小。

420 丽臀节腹泥蜂
拉丁名：*Cerceris dorsalis* Eversmann, 1849

体长：雌性 10.5 ～ 14 毫米，雄性 11 ～ 14 毫米。雌性体黑色，上颚基部 2/3、唇基（除端部褐色）、触角柄节和梗节及鞭节腹面、足、腹部背板大部及腹板均黄色；体背刻点较大；端部中央 1/3 凹陷，其中具一圆形透明斑；胸腹节三角区表面刻点不均匀，两侧缘具短横皱；臀板宽，近椭圆形。雄性与雌性主要区别：雄性唇基中叶末端具 3 个小突起，表面无透明斑。

421 沙节腹泥蜂
拉丁名：*Cerceris arenaria* (Linnaeus, 1758)

体长约 10 毫米。体黑色。上颚基半部、唇基、额隆脊及两侧、触角第 1 节、后头两侧小斑、前胸背板两后缘斑、翅基片（基部具 2 个褐横斑）、小盾片两侧斑、后小盾片及足均黄色；腹部背板第 1 节后缘 2 侧斑、第 2 ～ 6 节端缘带（中间较细）、腹板第 1 节前部 2/3、第 2 ～ 4 节前半部均黄色；腹板第 6 节末端具稀疏向心形辐射状毛。

（八十七）蚁科 Formicidae

体小至中型。体多黑色或红色，少数可见绿色，热带地区种类可具强烈金属光泽。真社会性昆虫，大多数种类具 3 种品级：工蚁、后蚁及雄蚁。少数社会性寄生的种类无工蚁，有些甚至还有兵蚁、大型工蚁和小型工蚁之分。头部圆形、卵圆形、三角形或矩形等；触角膝状，柄节极长，后蚁和工蚁 10 ～ 12 节，雄蚁 10 ～ 13 节。腹部第 1 节或第 1 ～ 2 节特化为结节状或鳞片状。

422 红林蚁
拉丁名：*Formica sinae* Emery,1925

体暗红色，较光亮。头后部暗褐色；后腹部褐色至黑色，具稀疏立毛；上颚具细密刻纹，咀嚼缘具 10 齿，端 2 齿极钝，第 4 齿大，第 3 齿和余齿小或仅有齿突；复眼大，单眼 3 个；触角柄节长，约有 1/3 超出后头缘，后头缘圆或平直；胸部背板具 10 根以上的短立毛，结节上缘具 3 ～ 4 根短立毛；后腹部宽卵形。

423 艾箭蚁
拉丁名：*Cataglyphis aenescens* (Nylander,1849)

体黑色。触角、足胫节和跗节红褐色；唇基前缘具 6 ～ 8 根长毛，头后缘具 2 ～ 4 根立毛；前胸背板被稀疏柔毛，中胸侧板和并胸腹节具致密柔毛被；上颚咀嚼缘具 5 齿，端齿尖长，余齿渐变短。腹柄节厚鳞片状，直立。

七、蜻蜓目·Odonata

（八十八）蜻科 Libellulidae

体中等大小，前缘室与亚缘室的横脉常连成直线；翅痣无支持脉；前翅三角室与翅的长轴垂直，距离弓脉甚远；后翅三角室与翅的长轴同向，通常它的基边与弓脉连成直线。

424 黄蜻
拉丁名：*Pantala flavescens* (Fabricius, 1798)

腹部长 31～32 毫米，后翅长 40 毫米。头顶中央为 1 大突起，突起前部和两侧黑褐色，顶端黄色，后头褐色，头部具黄色短毛；前胸黑褐色，合胸黄褐色，合胸脊上面具黑褐色线纹，合胸领黑褐色，第 1、第 3 条纹褐色，只有上、下端部分，无第 2 条纹；翅透明，翅痣黄褐色，后翅臀域淡褐色；腹部黄褐色，第 1 节背面具 1 个黑褐色横斑，第 4～10 节背面也具黑褐色斑。

425 小斑蜻
拉丁名：*Libellula quadrimaculata* Linnaeus, 1758

雄性腹长约 30 毫米，后翅长约 36 毫米。头顶的黑宽纹横贯单眼区域，头顶突起的顶端黄色，后头褐色，具白色细毛；前胸黑色，前叶上缘黄色，背板中央稍 2 裂，具 1 对"，"形小黄斑；合胸黄褐色，密被淡黄色长毛；翅透明，翅痣黑色，前后翅翅基及翅结处各具 1 块褐斑，翅结斑很小，且无翅痣斑；足黑色，具刺；腹部第 1 节背面黑色，侧下方具黄斑，第 2～5 节黄色，其中 4、5 节末端背隆脊两侧各具 1 个黑色斑，第 6 节的黑斑扩大，第 7～10 节背面全黑色，第 2～10 节侧下缘具白色纵条纹。

426	夏赤蜻
	拉丁名：*Sympetrum darwinianum* (Selys, 1883)

　　雄性腹长约 23 毫米，后翅长约 29 毫米。头顶黑色条纹横贯单眼区域，中央为 1 大突起，后头褐色；前胸深褐色，合胸背前方除合胸脊下端左右淡色外，余为淡褐色，具细毛，合胸侧面褐色，具细毛和黑色条纹；翅透明，翅痣黄褐色；足基节、转节及前足腿节下侧黄色，余均为黑色；腹部黄褐或赤褐色，第 1 节背面和第 2 节背面基部黑褐色。雌性腹长约 25 毫米，后翅约 31 毫米。

（八十九）蜓科 Aeshnidae

　　下唇中叶稍凹裂。两复眼在头的背面有很长的一段接触。翅透明，有两条粗的结前横脉；前后翅三角室形状相似；在翅痣内端有 1 条支持脉，有 1 条径增脉和 1 个臀套；M_2 脉呈波浪形弯曲。雌性有发达的产卵器。

427	碧伟蜓
	拉丁名：*Anax parthenope julius* (Brauer, 1865)

　　雄性腹长约 56 毫米，后翅长约 52 毫米。头顶黑色横纹横贯单眼区域，头顶中央为 1 突起；合胸黄绿色，被细黄毛；足基节黄色，转节基半部黄色；翅透明略带黄色，翅痣黄褐色；腹部第 1、2 节膨大，第 1 节绿色，第 2 节基部绿色，第 3 节褐色，第 4 ~ 8 节背面黑色，侧面褐色，具侧纵隆脊，第 9、第 10 节背面褐色，侧面具 1 个淡色斑，第 10 节的斑位于末端，形状弯曲。雌性腹长约 53 毫米，后翅约 52 毫米，双翅大面积黄色，后翅色更重。

（九十）春蜓科 Gomphidae

翅透明。眼在头顶分离很远。臀套界限常不明显。翅痣前端下方常具支持脉。交合器大，外露。雄性腹部第 2 节两侧各有一耳形突。

428 奇异扩腹春蜓
拉丁名：*Stylurus occultus* Selys,1878

雄性腹长 36～38 毫米，后翅 29～32 毫米。雌性腹长 37～39 毫米，后翅 31 毫米。

雄性头顶黑色，侧单眼上方具弧形脊，后头黄色，后头缘着黑色长毛；前胸前叶黄色；背板黑色，中央具 1 个近圆形斑，两侧各具 1 个大黄斑；合胸黑色，条纹黄色，领条纹完整，背条纹上下方不与其他条纹相连，肩前条纹完整，甚阔，近上端处狭，下方与黄色的中胸下前侧片相连，第 3 条纹完整，细；腹部黑色，具黄色斑点；第 1 节背面有 1 个大的三角形纹，第 2 节背条纹阔，第 3～7 节背条纹细，渐远离端方，第 8 节背面基方为圆斑，第 9 节成细纹，第 10 节背面黑色；侧面基端具 1 个斑点，侧缘有纵条纹，第 7～9 节宽大黄色，第 10 节侧面黄色。

（九十一）螅科 Coenagrionidae

体小型，细长。翅有柄，具 2 条原始结前横脉，翅痣大多为菱形；盘室四边形，其前边短于后边；翅端无插脉。

| 429 | 长叶异痣螅
拉丁名：*Ischnura elegans* (Vander Linden, 1823) |

腹部长约 23 毫米，后翅长约 17 毫米。雄性体蓝色；合胸背前方黑色并具 1 对蓝纹；腹部第 1 ～ 10 节背面黑色，第 1 ～ 2 节侧面蓝色，第 3 ～ 6 节侧面黄色，第 7 ～ 10 节侧面蓝色。雌性颜色与雄性基本相似。

| 430 | 心斑绿螅
拉丁名：*Enallagma cyathigerum* (Charpentier, 1840) |

腹部长 24 ～ 26 毫米，后翅长约 21 毫米。面部及头顶、后头的颜色分成淡色和黑色两部分，淡色部分因个体不同，有黄、绿或深绿的不同。雄性复眼后方蓝色；胸部颜色同头部，除黑色斑外，淡色部分有黄、绿的差异；翅透明，翅痣深蓝色；腹部颜色也和头部相似，淡色的体节背面有大小不等的黑斑，尤其第 2 节的黑斑呈"心"形，第 6 ～ 7 节背面几乎全黑，第 8、第 9 节无黑斑。

八、脉翅目·Neuroptera

（九十二）草蛉科 Chrysopidae

体中至大型，纤细柔弱，体多草绿色，少数黄色或灰白色。头部常具黑斑。触角丝状，复眼突出。前胸背板长形或梯形。翅透明，横脉较多，阶脉 2～3 组或更多；前、后翅的翅脉相似。草蛉卵具细长的丝状柄，幼虫捕食虾虫。

431 大草蛉
拉丁名：*Chrysopa pallens*(Rambur,1838)

体绿色。体长约 13 毫米，翅展约 38 毫米。头部浅黄色，具 5 个或 7 个黑斑点，头顶无黑斑；触角短于前翅，基部两节浅黄色，鞭节浅黄褐色；翅透明，翅脉绿色，前翅前缘横脉列黑色；足跗节和爪褐色。

432 叶色草蛉
拉丁名：*Chrysopa phyllochroma* Wesmael,1841

体绿色。体长约 10 毫米，翅展 25 毫米。头部具 9 个黑色斑点，头顶、触角下方、颊和唇基各 1 对，触角间有 1 个；下颚须和下唇须黑色；触角第 2 节黑色；翅绿色，前、后翅的前缘横脉列仅靠近亚前缘脉一端黑色。

433 张氏草蛉
拉丁名：*Chrysopa* (Euryloba) *zhangi* Yang,1991

体长约 6 毫米，翅展约 13 毫米。头部黄绿色，无斑；胸背中央为黄色纵带，两侧绿色；翅绿色，前翅阶脉黑色，后翅阶脉绿色。

（九十三）蚁蛉科 Myrmeleontidae

头下口式，上颚发达。复眼半球形，两复眼间距较宽。触角棒状，鞭节端部逐渐膨大。前胸发达，多与腹部等宽，长与中胸相等。翅多狭长，翅脉网状。跗节5节，一般第5跗节最长。幼虫称为蚁狮，多在沙土中做漏斗状穴，捕食滑入的蚁等昆虫。

---

434 蒙双蚁蛉
拉丁名：*Mesonemurus mongolicus* Hölzel,1970

体长 16～27 毫米，翅展 32～46 毫米。头部黄色，头顶具黑色纵带，其两侧各有 1 个黑色斑点；触角呈棒状，端部基节膨大，黑色，各节端部黄色；前胸背板黄色，中部具 2 条黑色纵带，其两侧各有 1 个黑色圆形斑点；中、后胸黑色，具黄色斑点；翅透明，前翅翅脉黑黄相间，散布着许多沿翅脉形成的黑褐色斑点，后翅翅脉黑黄相间，翅面几乎无黑褐色斑点；腹部狭长，雄性超过前翅长，雌性与前翅近等长。

---

435 乌拉尔阿蚁蛉
拉丁名：*Myrmecaelurus uralensis*（Hölzel,1969）

体长 21～37 毫米，翅展 48～56 毫米。头部黄色，头顶具黑色中纵纹，前方有 2 个向中间倾斜的椭圆形黑斑，后方为 2 个近圆形褐色斑点；触角黑色，端部腹面黄色；胸部背板黄色，具 3 条黑色纵纹，前胸背板两侧纵纹短且细，不达前缘，中、后胸背板纵纹粗短。翅脉大部分黄黑相间，翅痣黄色；足黄色，具稀疏黑色刚毛。

---

436 卡蒙蚁蛉
拉丁名：*Mongoleon kaszabi* Hölze1,1970

体长 17～23 毫米，翅展 40～46 毫米。头部黄色，具黑色斑点；触角基部褐色，端部黑色；前胸背板黄色，具 3 条黑色纵带；翅透明，前翅翅脉黑黄相间，R脉和Rs脉上具一系列散碎褐斑，在近外缘的区域有许多散碎褐斑；肘脉合斑斜线状；后翅与前翅相似，在近外缘具散碎褐斑；足黄色，具稀疏黑色和白色短刚毛。

九、衣鱼目·Zygentoma

（九十四）衣鱼科 Lepismatidae

体长而扁。外被银色细鳞，头、胸、腹之区别不甚明显；头小，复眼细小，缺单眼；触角细长，多节，呈鞭状；口器退化。胸部最阔，中胸及后胸各有气门1对；腹部10节，至尾部渐细，第1～8腹节各有气门1对。腹部末端有尾须3条，由多数环节组成。

437	多毛栉衣鱼
	拉丁名：*Ctenolepisma villosa*（Fabricius, 1775）

体长10～13毫米。体背密被银灰色鳞片。腹面密被白色鳞片；头前侧缘密列黄色弯毛；复眼黑色；触角丝状，长等于或超过体长；胸部较腹部宽，侧缘有浅色弯毛；腹部10节，每节两侧有3簇长毛；尾须3根，多节，密生倒伏状微毛，有深浅不同的节，分节处生1轮直毛，中尾须约与体节等长；腹部第8～第9节腹面有2对黄色刺，超过腹端。各足腿节发达，跗节3节。

十、蜚蠊目·Blattaria

（九十五）地鳖科 Polyphagidae

体中型。色泽多淡褐至褐色、黑褐色。体躯多毛。触角一般短于体长。雄虫单眼大。前胸背板呈椭圆形，表面常具刻点，密生微毛。一些种类雌雄异型，雄虫有翅，雌虫无翅或仅有短翅，雄虫翅充分发育，色泽多变，后翅臀域仅折叠几折，平置，不呈扇状。中、后足腿节腹面下缘无刺，少数种类具1～4根小刺，或在前缘，或在后缘。腹部宽短，背板不特化，肛上板横阔，下生殖板不对称，腹刺较短，尾毛适中或短小。

438　中华真地鳖
拉丁名：*Eupolyphaga sinensis*（Walker, 1868）

雌雄异型。雄成虫有翅，淡褐色，体长19毫米。头顶黑色，被前胸背板前缘掩盖，单眼淡黄色；前胸背板呈椭圆形，深黑褐色，表面有短而密的微毛；前翅膜质，长超过腹端，表面密布褐色网纹，后翅宽大，膜质透明，密布淡褐色微纹；足淡褐色，前足胫节特短，有8根端刺，1根中刺，腿节端部下方有1根刺。雌成虫无翅，卵圆形，体长23毫米，背隆起，被有赤褐竖毛；前胸背板黑色，前、后缘有赤褐带，背面密被小颗粒及赤褐短毛。

十一、革翅目 · Dermaptera

（九十六）蠼螋科 Labiduridae

体型狭长扁平；头部圆隆，复眼小，圆形凸出，触角 25 节以上。前胸背板通常长大于宽，前部较窄，两侧向后渐变宽，后缘圆弧形；鞘翅发达，表面平，具侧纵脊，后翅短；腹部狭长，基部狭窄，两侧向后渐加宽，臀板三角形；尾铗多少弧弯，顶端尖，雄性基部远离，雌性内缘接近，几向后直伸。

439 蠼螋
拉丁名：*Labidura riparia* (Pallas,1773)

体长 12 ～ 24 毫米，尾铗长 5 ～ 10 毫米。雄性体黄褐色；触角及足浅黄色；腹部背板中部略呈黑褐色；体狭长扁平；头部稍圆隆，头缝明显；复眼小而突出，触角 28 节；前胸背板长形，前缘直，后缘圆弧形，中纵沟明显；前翅两侧平行，后缘稍内斜，表面具粒状皱纹；腹部长而扁，由第 1 节至末节逐渐变宽，第 4 ～ 第 8 节背板后缘具小瘤突，末节背板宽短，后缘两侧各具一瘤突，近中部两侧各具一齿突；尾铗基部分开较宽，向后平伸，末端向内侧稍弯，基部较粗，三棱形，向后变细，端部 2/5 处具一小瘤突。雌性与雄性的主要区别是尾铗相对直而尖。

十二、双翅目·Diptera

（九十七）蜂虻科 Bombyliidae

体小至大型，体长多为 2～25 毫米，少数可达 40 毫米。体表多被各种颜色的毛和鳞片，头部半球形或近球形，喙通常长，触角鞭节有 1～4 亚节，第 1 节较粗大，余下各节形成端刺。翅透明，常具斑。足细长，多具鬃。

440 | 丽纹蜂虻
拉丁名：*Bombylius callopterus* Loew,1855

雄虫体长及翅长约 6 毫米。体暗褐色，被黄色至黄褐色毛。额部具黑色短毛，后头具白毛；触角第 3 节基部 2/3 与第 2 节的宽度相近，但端部 1/3 较细，约为基部宽的 1/2；喙长为头长的 4～5；中胸翅后胛具白毛；翅透明，基部 2/3 的前半区域暗褐色，透明区具游离的暗褐斑；足黄褐色，被黑褐色毛，跗节端部 3 节黑褐色；第 2 腹节两侧具暗褐色毛。

441 | 白毛驼蜂虻
拉丁名：*Geron pallipilosus* Yang et Yang, 1992

体长 4.5～5.5 毫米。体黑色。头部被白色粉，毛以白色为主；触角深褐色，柄节被稀疏褐色毛，鞭节向端部渐变窄，光裸；后头除白色粉被和被毛外，还有白色鳞；胸部背面被褐色粉，侧面和腹面被白色粉，胸部被毛以白色为主；翅透明，平衡棒浅黄色；腹部被白色粉，腹部毛以白色为主，背板鳞片黄色，腹板鳞片白色。

（九十八）毛蚊科 Bibionidae

体小至中型，粗壮多毛，体色多为黑色或黄褐色。两性常异型。雄性头部较圆，复眼邻接；雌性头部较长，复眼小而远离，单眼瘤存在。触角多短小，鞭节 7 ~ 10 节，一般均粗短。胸背多隆突，小盾片较小，侧板发达。翅发达，透明或色暗，A$_2$ 脉曲折。成虫白昼活动，有的种类具有访花习性。

442	红腹毛蚊
	拉丁名：*Bibio rufiventris* (Duda, 1930)

体长 10 ~ 11 毫米。雌雄异型。雄性体黑色，复眼及翅脉红褐色；头部半球形，复眼接眼。雌性黑色，中胸背板和腹部橘红色；头部近卵形，复眼不相接，单眼突起。

（九十九）食蚜蝇科 Syrphidae

头部新月片不显著，颜多少突伸；翅 R$_{4+5}$ 与 M$_{1+2}$ 间有伪脉，常具鲜明色斑。形似蜂，腹节上常有黄黑相间的斑纹。

443	斜斑鼓额蚜蝇
	拉丁名：*Scaeva pyrastri* (Linnaeus，1758)

体长约 12.3 ~ 14.8 毫米。体黑色。额黄色；触角褐色，各节腹面基部色淡；眼部具密毛，雄虫接眼，雌虫离眼；中胸盾片黑绿色，具有金属光泽；小盾片浅棕色，密生黑色长毛；腹部黑色，具奶白色斑纹：第 2 ~ 第 4 节背板各有 1 对，第 1 对平置，第 2、第 3 对稍斜置呈新月形，前缘凹入明显，第 4、第 5 节背板后缘白色；

足为黄色，前足、中足腿节基部 1/3 及后足腿节基部 4/5 黑色，跗节黑色。

双翅目·Diptera

大灰优食蚜蝇

拉丁名：*Eupeodes corollae* (Fabricius, 1794)

体长 8.5 ～ 9.7 毫米。胸背黑色，具铜色光泽，被黄毛，小盾片暗黄色，被黄毛；腹部第 2 节具 1 对黄斑，第 3、第 4 节黄斑分离（雌）或通过稍暗的黄斑相连，这些斑均伸达侧缘，第 4 节后缘黄色，第 5 节黄色。雌虫中央具大黑斑，雄虫无黑斑或仅具小黑点。

445 **月斑鼓额蚜蝇**

拉丁名：*Scaeva selenitica*（Meigen，1822）

体长 11 ～ 13 毫米。体黑色。小盾片黄褐色，具黑毛；腹部背面具 3 对黄色至黄绿色斑，呈新月形，腹背板第 4、第 5 节后缘及第 5 节两侧黄白色。

446 **林优蚜蝇**

拉丁名：*Eupeodes silvaticus* He,1993

体长雄性约 11 毫米，雌性约 9 毫米。雄性复眼裸，头顶黑色，被黑毛，后部覆黄白色粉，被黄白色毛；触角暗褐色；中胸背板黑色，具光泽，两侧暗黄色，背板被灰黄色粉及黄毛，小盾片暗黄色，被黑毛；翅透明，痣黄褐色，翅面具微毛，腹部长卵形，明显具边，黑色；第 2 背板中后部两侧各具 1 个长三角形黄斑，第 3 背板前部具黄带，第 4 背板黄带近于第 3 背板，第 4 背板后缘具黄带，第 3 背板黄带宽略大于其后的黑带，第 5 背板黄色，中央具黑斑。

双翅目·Diptera

447 阿拉善硕蚜蝇
拉丁名：*Megasyrphus alashanicus* Peck, 1974

复眼黑褐色，覆浅黄褐色毛；触角黑褐色；中胸背板亮黑色，被黄色长毛，侧缘覆金黄色粉被，小盾片黄色，毛黑色，长，两侧缘毛黄色；后胸腹板被黑色长毛，翅透明，前缘淡黄褐色，腋瓣黄白色，平衡棒黄色，腹部阔卵形，第2～4节背板黑色，具黄色宽带，其两端达到侧缘，第2节背板黄带在中部断开，微斜，第3、第4节背板黄带不中断，位于背板前半部，带中央前缘微呈角形突出，后缘则微呈角形凹入，第4节背板后缘有宽黄带，第5节背板黄色，中部1对黑色侧斑。

448 捷优蚜蝇
拉丁名：*Eupeodes alaceris* He et Li, 1998

雄性体长约10毫米。复眼裸；触角暗褐色；中胸背板黑色，被棕黄色软毛，小盾片暗黄色，翅透明，翅痣浅棕色，翅面具微毛；腹部长卵形，明显具边，黑色；第2背板近中后部的两侧具三角形大黄斑，第3背板近前部具宽的黄带，第4背板黄带近似第3背板，第3背板黄带宽略大于其后的黑色区域，第5背板黄色，中央具三角形小黑斑。雌性体长11毫米。头顶黑色，被黑毛；腹部斑纹近于雄性，但斑纹较狭细，第5背板中央具黑带，两侧靠近背板的侧缘；翅面裸区较雄性大。

449 西伯利亚长角蚜蝇
拉丁名：*Chrysotoxum sibiricum* Loew，1856

体长12～16毫米。雄性复眼被极稀短毛；头顶黑色；触角黑或黑褐色；中胸背板黑色，小盾片黑色；腹部亮黑色，第2～4背板各具1弓形横带，两端不达背板侧缘，第2背板横带很宽，第3、第4背板横带较窄，第5背板横带外端宽，内端窄，略呈三角形，背板毛很短，暗色，仅基部被淡色较长毛；腹板黑色，具2对黄斑；腹部侧缘后侧角不突出；足基节、转节黑色，其余橘红色，胫节橘黄色；翅中部具大的褐色或黑褐色斑。

450 灰带管蚜蝇
拉丁名：*Eristalis cerealis* Fabricius, 1805

雄性体长 11 ～ 13 毫米。头部黑色，颜覆黄色粉被，复眼密被棕色毛；触角芒基部具羽状毛；中胸背板黑色，具 3 条淡色粉被横带；足大部黑色，前、后足腿节基半部，中足腿节基部 3/4 和第 1 跗节棕黄色；腹部棕黄色，第 2、第 3 背板正中各具一"I"形黑斑，第 3 背板"I"形斑前缘有时缺，第 2 ～ 4 节后缘棕黄色。雌性腹部背板第 3 节几全黑，仅前、后缘棕黄色。

451 黑色斑眼蚜蝇
拉丁名：*Eristalinus aeneus* (Scopoli, 1763)

体长 10 ～ 11 毫米。雄性头部黑色，密被灰白色毛，额及颜覆灰白粉被，复眼具稀疏短毛及深色圆斑；胸部黑色，中胸背板有蓝色光泽，具 2 条灰纵纹；足大部黑色，前、中足胫节基半部及后足胫节基部 1/3 黄色；腹部背板黑色，具铜绿色光泽。雌性与雄性相似。

双翅目·Diptera

触角6节以上；无单眼；中胸背板除极少数种类外都有一"V"形缝；足细长；翅有中室，有2条臀脉伸达翅缘；产卵器瓣状，角质。

452 单斑短柄大蚊
拉丁名：*Nephrotoma relicta* (Savchenko, 1973)

雄虫体长约9.8毫米，翅长约8.8毫米。雌虫体长约10～13.5毫米，翅长约9～12毫米。体黄色，具黑斑。触角柄节和梗节黄色，基鞭节黄色，端部略暗，其他鞭节黑褐色，后头无明显色斑；前胸无斑，中胸前盾片具3块黑色纵斑，侧斑前端几呈直角形外弯，盾片两侧具黑斑，侧缘前半部黑色，小盾片黄褐色，中央稍暗，后背片黄色，端部褐色；足黄褐色，腿节端、胫节端及跗节暗褐色；腹部黄色，雄虫第2～6节中基部具黑褐色纹，第7～8节黑色（其中第7背板前侧角具黄色大斑），第9节黄色，中部具大黑斑。

453 伦贝短柄大蚊
拉丁名：*Nephrotoma lundbecki* (Nielsen, 1907)

体长11～14.5毫米。头部黄色，喙上缘、鼻突及触角鞭节黑色；胸部浅黄色，前胸背板两侧黑褐色，中胸前盾片具3个亮黑色斑，侧斑外弯，中背片中部具1条褐色带；胸部上侧片、侧背片及侧背瘤突具黑色斑；腹部黄色，背板中央具近三角形黑褐色斑，侧缘黑褐色，腹板黄褐色；足黄褐色，腿节和胫节端部黑色。

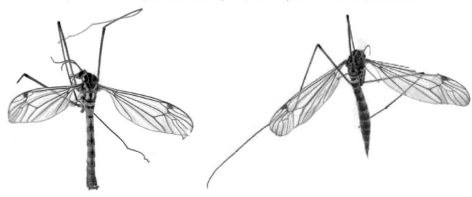

（一百零一）摇蚊科 Chironomidae

翅前缘脉终止于翅顶附近，M 脉不分枝，雄虫触角多毛。幼虫水生。

454　稻摇蚊
拉丁名：*Chironomus oryzae* Matsumura

雄虫约 3 毫米。体黄色。触角 12 节，黑褐色，羽状。头顶及颜面黄色，后头灰色胸部背面有 3 条黑色宽纵斑，中间的 1 条呈长圆形，两侧的呈"!"形；小盾片黄色，后腹部腹面黄色，末几节有黑小盾片黑色；腹部 2～9 节背面有黑斑。中胸腹板黑褐色斑；腿节、胫节末端黑色；翅白色透明。雌虫体长 2.5 毫米。腹部粗短，触角灰褐色，丝状，6 节；腹部 2～7 节有灰黑色斑，第 7 节腹面有一"八"字形黑斑。其余特征似雌虫。

（一百零二）食虫虻科 Asilidae

体中至大型，体多黑色或褐色，具毛和鬃，有时光裸。复眼分开较宽，单眼瘤明显。触角柄节和梗节多被毛。口器长而坚硬，适于捕食和刺吸猎物。中胸强隆起。翅 R_{2+3} 脉不分支，末端多接近 R_1 脉；R_{4+5} 脉多分叉，R_5 脉多达翅端后；腋瓣发达，有时退化。

455　中华盗虻
拉丁名：*Cophinopoda chinensis* (Fabricius, 1794)

体长 20～28 毫米。头、胸部黑色；触角基部 2 节红褐色，端节黑色；胸部被灰色粉被；腹部红褐色，侧面具黑纵带，有时腹面除端节外均黑色；足黑色，胫节红褐色；头部密被绵毛。

十三、啮齿目 · Rodentia

（一百零三）仓鼠科 Cricetidae

属中小型鼠类。体长为 5 ～ 28 厘米，体重为 30 ～ 1000 克。体型短粗。尾短，一般不超过身长的一半，部分品种不超过后腿长度的一半，甚至基本看不到。主要食物为植物种子，喜食坚果，亦食植物嫩茎或叶，偶尔也吃小虫。多数不冬眠，冬天靠储存食物生活。少数品种天气寒冷情况下会进入不太活跃的准冬眠状态。

456 大沙鼠
拉丁名：*Rhombomys opimus Lichtenstein, 1823*

大沙鼠是沙鼠中最大的种类。耳短小稍稍露出毛外，尾粗大略短于体长。头和背部的毛为沙黄色或淡沙黄色，腹毛污白。尾毛稠密，呈锈红色，与背部色调区别明显，爪暗黑色。头骨粗壮宽大，脑颅平坦，鼻骨狭长，听泡略小于子午沙鼠。上门齿有两条纵沟，外侧的一条较为明显。体长150 ～ 200 毫米，尾长 135 ～ 160 毫米，耳长 8 ～ 17 毫米，后足长 38 ～ 42 毫米。

457 子午沙鼠
拉丁名：*Meriones meridianus Pallas, 1773*

子午沙鼠是中等大小的沙鼠。尾长与体长相等，耳长中等，耳壳明显突出毛外。身体背面沙黄色或浅棕黄色，腹毛从尖端到基部全为洁白色。尾毛密生，呈棕黄色或棕色，尾梢的毛延伸成束状。爪的尖部白色，基部浅褐色。子午沙鼠和其他沙鼠的区别在于：具棕色或棕黄色的尾，尾端毛束不发达，跖部全被白毛。头骨轮廓与长爪沙鼠相似，但略较宽大。体长 68 ～ 136 毫米，尾长 85 ～ 110 毫米，耳长 9 ～ 22 毫米，后足长 25 ～ 30 毫米。

（一百零四）跳鼠科 Dipodidae

体中、小型，头大、眼大、吻短而阔、须长；毛色浅淡，多为沙土黄或沙灰色，无光泽，与栖息地的景色接近；后肢特长，为前肢长的 3～4 倍，后肢外侧 2 趾甚小或消失，落地时中间 3 趾的落点很接近，适于跳跃，一步可达 2～3 米或更远。尾甚长，在跳跃时用以保持身体平衡，并能以甩尾的方法在跳跃中突然转弯，改变前进方向，以躲避天敌的捕捉；多数跳鼠尾端具扁平形的由黑白两色毛组成的毛穗，跳跃时左右晃动，以迷惑天敌，使之无法判断其准确落点。

458	三趾跳鼠
	拉丁名：*Dipus sagitta Pallas, 1773*

体躯中等大小。头和眼大；耳短，前折时不超过眼的前缘；门齿唇面黄色，有一纵沟，牙露于口外。前肢短小，5 指，后肢长，3 趾，拇指和第五趾退化消失。尾极长，末端有黑、白两色长毛形成的毛束。背毛沙黄色，腹毛全部纯白色。头骨宽短，眶前孔大。鼻骨与额骨相接处下陷成一浅窝。门齿孔短而宽，有 2 对很小的腭孔。体长 114～135 毫米，尾长 100～160 毫米，耳长 15～30 毫米，后足长 41～60 毫米。

459	五趾跳鼠
	拉丁名：*Allactaga sibirica Forster, 1778*

五趾跳鼠是我国境内最大的一种跳鼠。头圆眼大；吻鼻部圆钝；后足健壮，为前足长的 3～4 倍，5 趾，中间的 3 趾发达，拇指和第五趾短；尾长接近体长的 1.5 倍，末端有黑色和白色长毛形成的毛束。头、体背面和四肢外侧棕黄色，臀部两侧有一白色纵带往后延展至尾周部。头骨宽大而隆起，吻部细长。上门齿唇面白色，显著前倾，平滑无沟。体长 112～160 毫米，尾长 118～275 毫米，耳长 31～45 毫米，后足长 33～70 毫米。

（一百零五）松鼠科 Sciuridae

松鼠科是啮齿类动物中比较原始的一科。其外形的差异很大，其共同特征是：具眶上突和发达的前臼齿，尾毛膨松，向两侧展开。其生活环境有树栖、半树栖、地栖3种类型。树栖种类，尾粗壮而圆大，尾毛蓬松，四肢发达，前后肢长接近，耳壳及眼均较大。地栖种类，尾较短小，后肢长于前肢且较粗壮，耳壳小，有的仅成为皮褶。半树栖种类，形态介于树栖、地栖之间，一般尾圆形或扁形，被长毛而无鳞片，前足4趾，拇指极不显著，后足5趾。

460 草原黄鼠
拉丁名：*Spermophilus dauricus Brandt, 1843*

体细长，尾短。头和眼大，耳郭小。背毛深黄色，体侧、前肢外侧和腹部均为沙黄色，后肢外侧同背色。眼周有细窄的白圈，尾背的毛色与背部相同，但远端毛色较黑。夏毛比冬毛颜色较深。颅骨呈椭圆形，吻端略尖。眶上突的基部前端有缺口。听泡长大于宽，门齿狭扁。体长102～220毫米，尾长27～62毫米，耳长2～9毫米，后足长26～35毫米。

主要参考文献

1. 刘爱萍, 陈红印, 何平. 草地害虫及防治 [M]. 北京: 中国农业科学技术出版社, 2006.

2. 王新谱, 杨贵军. 宁夏贺兰山昆虫 [M]. 银川: 宁夏人民出版社, 2010.

3. 李后魂, 尤万学. 哈巴湖昆虫 [M]. 北京: 科学出版社, 2021.

4. 任国栋, 白兴龙, 白玲. 宁夏甲虫志 [M]. 北京: 电子工业出版社, 2019.

5. 新疆维吾尔自治区林业有害生物防治检疫局. 新疆林木害虫野外知识手册 [M]. 北京: 中国林业出版社, 2014.

6. 虞国跃, 王合. 北京林业昆虫图谱 I [M]. 北京: 科学出版社, 2017.

7. 虞国跃, 王合. 北京林业昆虫图谱 II [M]. 北京: 科学出版社, 2021.

8. 虞国跃, 王合. 北京林业昆虫图谱 III [M]. 北京: 科学出版社, 2023.

9. 中国科学院动物研究所. 中国蛾类图鉴 I [M]. 北京: 科学出版社, 1983.

10. 中国科学院动物研究所. 中国蛾类图鉴 II [M]. 北京: 科学出版社, 1983.

11. 中国科学院动物研究所. 中国蛾类图鉴 III [M]. 北京: 科学出版社, 1982.

12. 中国科学院动物研究所. 中国蛾类图鉴 IV [M]. 北京: 科学出版社, 1983.

13. 牛春花, 李琳, 周会玉. 阿拉善地区昆虫 [M]. 银川: 阳光出版社, 2018.

14. 内蒙古自治区草原工作站. 内蒙古自治区草地蝗虫图鉴 [M]. 北京: 中国农业出版社, 2018.

15. 白晓拴, 彩万志, 能乃扎布. 内蒙古贺兰山地区昆虫 [M]. 呼和浩特: 内蒙古人民出版社, 2013.

16. 吴福桢, 高兆宁, 郭予元. 宁夏农业昆虫图志第二集 [M]. 银川: 宁夏人民出版社, 1982.

17. 陕西省农林科学研究所. 陕西林木病虫图志第二辑 [M]. 西安: 陕西科学技术出版社, 1984.

18. 邱强. 原色苹果病虫图谱 [M]. 北京: 中国科学技术出版社, 1993.

19. 萧刚柔, 李镇宇. 中国森林昆虫（第三版）[M]. 北京: 中国林业出版社, 2020.

20. 武晓东, 付和平, 杨泽龙. 中国典型半荒漠与荒漠区啮齿动物研究 [M]. 北京. 科学出版社, 2009.

21. 丁建云, 张建华. 北京灯下蛾类图谱 [M]. 北京. 中国农业出版社, 2016.